物理时空馆

电磁真带劲

陈爱峰◎著　　郑东升◎绘

中国大百科全书出版社

图书在版编目（CIP）数据

物理时空门. 电磁真带劲 / 陈爱峰著；郑东升绘. —北京：中国大百科全书出版社，2023.7

ISBN 978-7-5202-1362-2

Ⅰ. ①物… Ⅱ. ①陈… ②郑… Ⅲ. ①物理 - 少儿读物 Ⅳ. ① O4-49

中国版本图书馆 CIP 数据核字（2023）第 111483 号

出 版 人：刘祚臣
责任编辑：程忆涵
封面设计：丁　辰
责任印制：邹景峰
出版发行：中国大百科全书出版社
地　　址：北京市西城区阜成门北大街 17 号
邮政编码：100037
网　　址：http://www.ecph.com.cn
电　　话：010-88390718
图文制作：北京博海维创文化发展有限公司
印　　制：小森印刷（北京）有限公司
字　　数：90 千字
印　　张：4.625
开　　本：880 毫米 ×1230 毫米　1/32
版　　次：2023 年 7 月第 1 版
印　　次：2023 年 7 月第 1 次印刷
ＩＳＢＮ：978-7-5202-1362-2
定　　价：118.00 元（全 3 册）

电生磁，磁生电

难道永远
不会停止吗

陈爱峰

北京市第八中学超创中心物理教研组长，西城区学科带头人，高级教师。爱物理，爱生活，爱科普。如何才能让孩子们也爱上物理呢？把久酿的热爱写成本书，还请收下。

郑东升（@超正经东叔）

从事漫画行业 20 余年、拥有百万粉丝的资深漫画家。家有两娃，每天为辅导作业焦头烂额，为此立志创作出大娃爱看二娃沉迷的科普漫画。

目录

电与磁

功、能量
与动量

To 同学们：

牛顿运动定律、能量观点和动量观点是分析物理问题的三把金钥匙。其实它们是从三个不同的角度来研究力与运动的关系。分析问题时，选用不同的方法与角度，问题的难易、繁简程度可能有很大差别，但在很多情况下，需要将三把钥匙结合起来使用。能量和动量思想是贯穿物理学的基本思想，本章就来谈谈能量与动量的有关知识。

谈能量离不开"功"的概念。能量是状态量，物体在不同状态下会拥有不同数值的能量。能量的变化通常是通过做功或热传递两种方式来实现的。力学中功是机械能转化的量度，热学中功和热量是内能变化的量度。

中学物理在力学、热学、电磁学、光学和原子物理等各分支学科中涉及许多形式的能，如动能、势能、电能、内能、核能，这些形式的能可以相互转化，并且遵循能量转化和守恒定律。能量是贯穿中学物理学习的一条主线，是分析和解决物理问题的主要依据之一。动量守恒定律和角动量守恒定律，也是自然界中最普遍的规律，所以一并做一些分析。

本章要点

功的原理

不同形式的能量

动能定理

能量守恒定律

动量定理

动量守恒定律

对称性与守恒

好用的简单机械
——功的原理

　　荀子在《劝学》中说:"君子生非异也,善假于物也。"意思是贤明的人在本性上与一般人没有什么区别,只是善于借助外物罢了。在我们的日常生活中,有很多装置使人们的工作更简单、有效,我们可以将这些装置称为"简单机械"。

　　简单机械能给我们带来方便主要是从以下三个方面实现的:

　　省力。比如斜面,如果把一个物体直接搬运到高处比较吃力,可以采用坡状的斜面来省力。曲折蜿蜒的山路也利用了斜面可以省力这一特点,虽然山路使弯道增加了,但是汽车爬坡就容易很多。

省距离。比如镊子，镊子是人们夹取颗粒状药片、毛发、细刺及其他细小东西经常用到的工具，也是一种常见的维修工具。我们在使用镊子时，用力的手作用一小段距离就可以使镊子头端张开较大的距离。

改变力的方向。比如滑轮，在旗杆顶部的定滑轮，是为了实现在升旗时旗手用力向下拉动绳索，就可以使固定在绳索上的旗帜向上升起。起重机上的滑轮也有同样的作用。

简单机械种类繁多，大致可以分为杠杆类简单机械和斜面类简单机械两种。杠杆类简单机械主要有杠杆、滑轮、轮轴、齿轮等；斜面类简单机械主要有斜面、螺旋、劈等。多种多样的简单机械给人们带来方便，但不论使用哪一类简单机械都必须遵循机械的一般规律——功的原理。

功的原理在历史上曾被誉为"机械的黄金定律"，其内容是：使用任何机械的情况都不省功。这里的"功"指的是，力与物体在力的方向上移动距离的乘积。根据功的原理，省力的机械必然费距离，省距离必然费力。

举几个同学们熟悉的杠杆例子：指甲剪的上半部分是省力杠杆，在使用中我们要花费更多的距离（即手作用在尾部的力的作用距离）。筷子是一种省距离的杠杆，在使用中我们要花费更多的力（即手作用在筷子中部的力）。此外还有自行车的车刹（省力杠杆）、划船的船桨（费力杠杆）、剪刀（有的是省力杠杆，比如园艺剪，有的是费力杠杆，比如理发剪）等。

一个重要的概念
——能量

　　我们经常提到"能量"一词，但其确切含义却不好回答，因为"能量"有广义与狭义之分。广义上的能量可运用于所有学科。从哲学意义上讲，能量指的是一件事物使其他事物发生改变的性质。在物理学中，能量是物理学的基本概念之一，从经典力学到相对论、量子力学和宇宙学，能量都是一个重要的核心概念。1807 年英国物理学家托马斯·杨于伦敦进行自然哲学演讲时，已经提出能量（energy）这个词，并将它与物体所做的功相联系，但未引起重视。当时的人们仍认为不同的运动中蕴藏着不同的力（正确的观念是运动的物体具有能量）。直到能量守恒定律建立并被确认后，人们才认识到能量概念的重要性和实用价值。

世界万物都在不停地运动着。在物体的一切属性中，运动是最基本的属性，其他属性都是运动的具体表现。能量（简称"能"）可认为是物体运动转换的量度。能量是一切运动着的物体的共同特性，它表征物体做功的本领。一个物体能够对外做功，我们就说这个物体具有能量。对应着物体的各种运动形式，能量也有各种不同的形式，它们可以通过一定的方式互相转换。

能量的概念和能量有关规律的应用已经深入物理学的各个分支领域。

在力学中，能量的形式有动能、弹性势能和引力势能（重力势能）等，合称机械能。它们的传递和转化由机械功量度，从而存在动能定理、功能关系等转化规律。

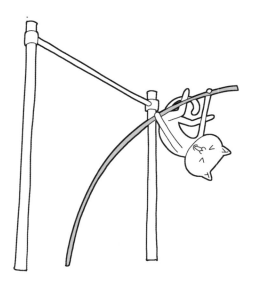

在电磁学中，有电路中的电能、电磁场中的静电势能、电场能、磁场能等形式的能量。

在热学中，有宏观上提到的内能、热能、化学能，也有微观上提到的分子动能、分子势能等。

在光学和原子物理学中，有光能（电磁能）、原子能（核能）等。

不同形式的能量可以互相转化。你可以在日常生活中找到很多能量转化的实例。

子弹击穿木块的规律
——动能与动能定理

中国疆域辽阔，地形地貌也丰富多样，假如你是一位工程师，需要选择两个地方分别建设水力发电厂和风力发电厂，那么你会选择有什么特点的地方？根据常识和生活经验应该能够做出合适的选择：水力发电厂应该选择建设在水流湍急的地方，风力发电厂应该选择建设在风能资源丰富的地方。仔细想一下，这两种地方的共同点是什么？发电的水是运动的，风也是运动的，物体因为运动而具有能量，发电正是将这种运动的能量转化为电能，故做出以上选择。

物体由于运动而具有的能量是动能。一切运动物体都具有动能。质量相同的物体，运动速度越大，动能越大；运动速度相同的物体，质量越大，动能越大。动能的定义式为 $E_k = \dfrac{1}{2}mv^2$，单位是焦耳（J），$1J = 1N \cdot m = 1kg \cdot m^2/s^2$。动能是标量，没有方向且只有正值。

　　在 17 世纪，德国数学家莱布尼茨为了解释因摩擦而令物体速度减缓的现象，提出了一个叫作"活力"的想法，并将其定义为一个物体质量和其速度平方的乘积。这一定义已经初具动能定义雏形。

　　对动能和功给出确切现代定义的第一个人是法国物理学家科里奥利。1829 年，他把物体的动能定义为物体质量的二分之一乘以其速度的平方，而作用力对某物体所做的功等于此力乘以其（克服阻力而）运动的距离。

动能定理是指在一个过程中合外力对物体所做的功，等于物体在这个过程中动能的变化。表达式为 $W = \dfrac{1}{2}mv_2^2 - \dfrac{1}{2}mv_1^2$。此定理既适用于直线运动，也适用于曲线运动。既适用于恒力做功，也适用于变力做功，是力学中一个十分重要的定理。

动能是机械能的一种，它经常转化为其他形式的能量，比如常说的"摩擦生热"就是动能转化为热能的情况。"钻木取火"你肯定听说过，不过你是否实际尝试过？如果有兴趣可以买来有关器材做一做，并不困难哦！

动能定理可以解决很多问题，我们举个简单的例子：一颗速度是 500m/s 的子弹打穿一块固定的木块后速度减为 400m/s，假如子弹在木块里受到的阻力是一定的，那么这颗子弹还能打穿几块相同的固定木块呢？

根据动能定理，阻力对子弹所做的功（本例是负功），等于子弹在这个过程中动能的变化（本例是减少的）。因为阻力和木块的宽度一定，所以子弹穿过每一个木块阻力的功也一定，那么子弹动能的减少就是一定的。根据动能定义，子弹每穿过一个木块其速度平方的减少量也一定。按照这个分析，上述问题中的子弹就只能再打穿一个相同的木块，最终停留在第三个木块的九分之七位置处。试着算一算吧！

阪上走丸与剑拔弩张
——成语中的能量知识

中国文化博大精深，有些成语里不仅包含历史故事，还包含丰富的物理学道理呢！举两个例子——"阪上走丸"与"剑拔弩张"，你知道其中包含哪些物理学知识吗？

"阪上走丸"

在"阪上走丸"中，"阪上"指倾斜的坡上，"丸"指小球、泥丸。成语的意思是泥丸在斜坡上滚转，常用来形容事情发展迅速或工作进行顺利。从物理学的角度分析，"阪上走丸"体现了重力势能向动能的转化。

物体由于被举高而具有的能量叫重力势能，是机械能的一种。重力势能具有相对性，要研究一个物体的重力势能应该先选定势能的参考面，即零势面。当选取地面作为零势面时，物体的重力势能可以表示为 $E_p=mgh$，单位是焦耳（J）。势能体现了物体在不同位置具有不同的能量，因和物体位置相关，所以也叫位能。物体总是自发地从重力势能大的位置向重力势能小的位置移动，这就是为什么抛到高空的物体总会落回地面的缘故。

　　被举高的重锤具有重力势能，被举的高度越高，重力势能越大，落地时的动能就越大。水力发电站要想发出更多的电，就需要储存更多的水，尽量提高水位，也就是尽可能增大水的重力势能。当物体重力势能很大时，落地时就会有很大的杀伤力。战国时期齐国杰出的军事家孙膑曾在马陵之战中借助地形"秀"了一下他卓越的物理才华。这一战中他除了故伎重演诱敌深入外，还命令士兵埋伏在魏军必经之路的峡谷上，同时囤积大量石块，结果魏军深入峡谷时高山上"万石齐发"，魏军大败。这场战争使魏国损失了10万精锐军队，直接将魏国引进了深渊，最终走向覆灭。此处的"阪上走丸"可以说是魏军失利乃至灭亡的一个加速器。

"剑拔弩张"

"剑拔弩张"的意思是剑拔出来了，弓张开了，形容气势逼人，或形势紧张，一触即发。射术（射箭技术的简称）在中国源远流长。成语里的"弩张"是指拉弯的弓具有能量，可以将箭射到较远的地方，这种能量在物理学中称为弹性势能。

游乐项目中的蹦床及体育比赛中的跳板跳水等都利用了弹性势能向动能的转化。

物体由于发生弹性形变，各部分之间存在着弹性力的相互作用而具有的势能叫弹性势能。物体弹性形变越大，所具有的弹性势能就越大。弹簧的弹性势能可以表示为 $E_p = \frac{1}{2}kx^2$，其中 k 指的是弹簧的劲度系数，x 指的是弹簧的形变量。弹性势能和重力势能统称势能。

为什么人类无法制造永动机
——能量守恒定律

你看过这一幅很"不可思议"的世界名画吗？这幅画是荷兰画家埃舍尔晚年所创作的《瀑布》，这一作品因其巧妙的构思而广受赞誉。在画面中央，瀑布倾泻而下，推动着水轮机然后又沿着水渠逐级流向出口——慢着！水流怎么竟又回到瀑布的出口，形成了循环瀑布呢？太不可思议了！仔细看你就会发现一个问题，瀑布是在一个平面上流动的。可是瀑布明明是降落的，而且还冲击着一个水磨让其转动。实际上循环瀑布是画上的假象，是一种视觉欺骗。从画上看好像合理，但实际上却是不可能的。画中的瀑布和水磨组成的系统无需外力提供能量而能够自发地不停运转，这样的装置被人们称为"永动机"。在 16 世纪后半叶，以欧洲为中心，永动机的研究曾经风靡一时。但现实

是残酷的，没有一例获得成功。因此这幅画也被一些物理学家称为"最美妙的永动机讽刺画"。

在几百年前，大规模工业生产技术尚不发达，人类通过安装在河流上的水车或者人工推动石磨来磨面粉。有人设想：如果利用水车运转抽上来的水，再来推动水车，这样不需要河流，水车不就能永远运转下去了吗？如果这个设想得以实现，那么自己提供动力源（水）、能够独自不停运转的"梦幻"装置（水车）也就诞生了。德国的一名技师在一本书中介绍了17世纪人们研制的一例"永动水车"：水车通过齿轮推动磨来碾谷，同时推动一个水轮装置重新把水送到高处，被送到高处的水再次推动水车，如此循环不止，水车就能够自发运转下去。当然，事实证明这一设计也是不可能的。这种永动机不单单是机器永不停息地运动，还要源源不断向外输出能量，在物理学上是不成立的，因其违反"能量守恒"。虽然永动机概念一直被提起，但是实际上根本不存在这类机械，因为无论是哪一种永动机都会存在能量的不完全转换，多多少少都会有损耗，哪怕只损耗了一点点，也不能算永动机。

能量既不会凭空产生，也不会凭空消失，它只会从一种形式转化为另一种形式，或者从一个物体转移到其他物体，而能量的总量保持不变，这一规律叫作能量守恒定律，是自然界的基本规律之一。

　　"永动机"是人类给自己编织的一个梦，在当今已经是一个答案确定的话题，不管情愿或不情愿，接受或不接受，这个梦想已经破灭了。1775 年法国科学院做出决议，宣布永远拒绝关于永动机的论文的提交。美国专利和商标局也禁止将专利证书授予永动机，并解释说，永动机的建造是绝对不可能的：退一步讲，即使没有摩擦阻力的影响，初始的运动得以无限继续，但它不能与其他物体作用，因此可能的永恒运动仍然对实现永动机建造者的目的毫无用处。

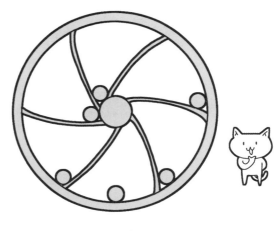

"行不通哟~"

　　永动机的制作虽然是一件不可能完成的任务，但曾经有很多科学家、工匠都对此相当沉迷。意大利的达·芬奇还曾经设计过一种叫作滚珠永动机的装置呢！不过他后来认识到永动机是不可能实现的，还劝告当时的工匠不要在类似项目上浪费工具、时间和聪明才智，因为它"毫无实现的可能"。

缓冲现象中的物理学原理
——动量定理及应用

　　篮球运动是一项兼有趣味性与观赏性的体育项目，深得很多中学生的喜爱。篮球运动的关键不只是在于投篮，还在于抢篮板、运球、传球等。一位 NBA（美国职业篮球联赛）著名球员说过："球永远要比人快！"传球是一种让球贯穿全场的最好方式，能够极大提升球队的进攻能力。双手胸前传接球时有一个动作要领：两手持球的侧后方，手指自然分开，拇指相对成八字形，两肘弯曲下垂，将球置于胸前。传球时蹬腿伸臂，翻腕拨指；接球时伸臂迎球，后引缓冲，两臂顺势屈肘，两手随球迅速收缩至胸前。经常打篮球的同学知道，传接球时如果姿势和动作不当是很容易受伤的。为什么接球时要"弯臂屈肘、后引缓冲"呢？我们来解密其中缘由。

物理学中把物体质量与速度的乘积叫作动量（*p*），把力与作用时间的乘积叫作冲量（*I*）。动量和冲量都是矢量，动量的方向与速度方向一致，冲量的方向与力的方向一致。表达二者联系的物理规律是动量定理：合力的冲量等于物体动量的变化量，即 $Ft=\Delta p=m\Delta v$。冲量是力在时间上的积累效应，表现为物体动量的变化。

对于一个作用过程，在物体动量变化一定的情况下，可以通过改变作用时间来调节力的大小：缩短作用时间作用力就大，延长作用时间作用力就小，即所谓的"缓冲"。以接篮球为例，我们来定量对比一下不同方式接传球时手受力的大小。假设篮球质量为 0.6kg，篮球飞来时的速度为 10m/s，接球一方接住篮球后篮球速度减为 0。如果接球动作完成的时间为 0.05s，根据动量定理可以算得，手和篮球之间的作用力大小为 120N，这个数值相当于 12 千克物体的重力。而接住相同的球，如果通过弯臂屈肘缓冲，将接球动作完成时间延长到 0.5s，此时手指和球之间的作用力大小为 12N，作用力减小到前者的 1/10，可见缓冲减力的效果很显著。对于职业运动员来说，在运动生涯中除了要有良好的饮食、持续的训练之外，还要注意尽量不受伤，物理学原理在对运动员的保护中起了关键作用。

生活中有很多可以用动量定理来解释的缓冲现象：玻璃杯掉落水泥地面容易摔碎，而掉落在柔软沙滩上则完好无损；鸡蛋放在专用的包装盒里不易破裂；赛车手戴的头盔内含有泡沫缓冲材料，保障头部安全；码头岸边或轮船外侧固定有旧轮胎用作船靠岸时的缓冲……

杂技"胸口碎大石"能够成功的原因

有一种杂技或者说是民间绝活叫作胸口碎大石：在一卧躺的人胸口上放一块条石（一般采用形状规整的长方体），另一人拿大锤用力猛击条石将其击裂敲碎，而条石下的人却安然无恙。对于这种表演观众虽然知道条石下的人不会受伤，但在观看时仍然会感到不可思议并惊叹不已。条石下的人为什么不会受伤呢？我们来探究一下其中的道理（同学们不可以轻易效仿哦）。

"胸口碎大石"能够表演成功，从物理学角度分析有两个重要的因素，而实现这两个因素则需要表演者做一些"特殊"的准备。

第一个重要因素是大锤猛击条石时人胸口受到的总压力不能太大，应在人的承受范围内。显然，在大锤猛击条石前人胸口受到的压力为条石的重力，为表演成功，关键是确保大锤猛击条石时表演者胸口受到的附加压力不能太大。假设锤头质量为 m，速度为 v，锤头击打条石后经 Δt 时间速度减为 0。根据动量定理和牛顿第三定律，可得条石受到压力 $F=\dfrac{mv}{\Delta t}+mg$，因 Δt 很小，故 F 较大。另外击打面积小，产生压强（单位面积上的压力）大，足以击裂条石。如果条石经过时间 t 速度减为 0，同样得出对于条石下的人受到的附加压力大小为 $\Delta F=\dfrac{mv}{t}+\dfrac{mg\Delta t}{t}$。因人的腹部较软，且表演者与条石间还垫有厚毛巾一类的缓冲物，所以时间 t 较长，人受到的增加的压力并不大，这样经过一些训练的人是能够承受的。为实现人胸口受到的总压力不能太大，表演者要做的"特殊"准备有：条石是特制的，总重力不能太大；表演者与条石之间垫有缓冲物；击打者总是用锤头击打条石在腹部上方的部分，而一般不击打胸口正上方的部分（腹部可以比胸部产生更多的作用时间）。

第二个重要因素是人胸口受压力时的受力面积应尽量大，以减小压强。受力面积越大，条石的重量加上击打时的附加压力就被分摊得越充分，即单位面积上的力越小，人就越安全。这就需要表演者让条石尽可能多地与上身紧贴，条石下垫上毛巾也有这里的一部分原因。

"胸口碎大石"这一实例，让我们体会到力的作用效果不仅与作用的空间因素（如作用距离、作用面积等）有关，还跟作用的时间因素有关。建筑工人往墙里钉钉子用铁锤，而铺设瓷砖或木地板时用橡皮锤的做法，就是基于对力作用效果的空间和时间因素的综合考虑。此外，汽车安全带和安全气囊在交通事故中，也是通过缓冲起到有效的保护作用。

停不下来的牛顿摆
——动量守恒定律

有一种玩具叫作"永动球"，通常由 5 或 6 个质量相同的球体用吊绳固定悬挂，彼此紧密排列。当摆动最右侧的 1 个球撞击紧密排列的其他球时，最左边的球会弹出来，而且弹起的只有它。当同时摆动最右侧的 2

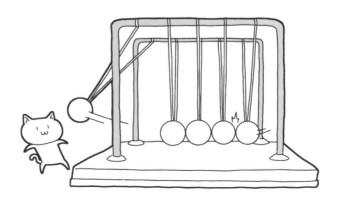

个球，让它们一起撞击紧密排列的其他球时，最左边的 2 个球会被同时弹起。后面的可以推想：同时摆动右边的 3 个球时，完成撞击后，向左侧同时弹出的球是 3 个；同时摆动右边 4 个球时，向左侧同时弹出的球是 4 个……当然此过程也是可逆的。当摆动最左侧的球撞击其他球时，最右侧的球会被弹出。当最左侧的 2 个球同时摆动并撞击其他球时，最右侧的 2 个球会被弹出。这个规律也适用于更多的球。我们似乎可以找到一个规律：同时弹起的球的个数总是等于同时撞击过来的球的个数。当紧密排列的球数量更多时，这个过程就更有意思，有的同学看它摆动，一看就能看上半个小时。

永动球其实是物理学中一个重要的碰撞模型，名叫牛顿摆。不过，牛顿摆并不是牛顿发明的，而是由法国物理学家伊丹·马略特最早在 1676 年提出来的。因为这个装置满足的基本规律——动量守恒定律最初是牛顿定律的推论，所以才叫牛顿摆。让我们来一起了解这其中涉及的物理学知识吧。

如果一个系统（由多个物体组成）不受外力或所受外力之和为零，则这个系统的总动量保持不变，这个结论叫作动量守恒定律。

对于碰撞过程，由于作用时间很短，物体间内力远大于外力，系统的总动量守恒。所谓内力是指施力物体属于系统内，当施力物体不属于系统时，对应的力为外力。内力和外力不是完全绝对的，可根据所选系统来区分。

根据碰撞过程动能的损失情况，可将碰撞分为三种：碰撞过程没有动能损失为弹性碰撞；碰撞过程有动能损失为非弹性碰撞；碰撞过程动能损失最大为完全非弹性碰撞。

我们以两个质量、大小完全相同的金属球在光滑水平面上发生的弹性碰撞为例来做一个简单分析。假设甲乙球质量均为 m，碰前运动的速度分别为 v_{10}、v_{20}，碰撞后两球速度分别为 v_1、v_2，由弹性碰撞满足动量和动能守恒，有 $mv_{10} + mv_{20} = mv_1 + mv_2$，$\frac{1}{2}mv_{10}^2 + \frac{1}{2}mv_{20}^2 = \frac{1}{2}mv_1^2 + \frac{1}{2}mv_2^2$。联立两个守恒方程可以解得：质量相等的两个物体在发生弹性碰撞时，两物体将交换速度，即 $v_1 = v_{20}$，$v_2 = v_{10}$（注：上述两个方程有两组解，其中一组解 $v_1 = v_{10}$、$v_2 = v_{20}$ 相当于没有发生碰撞，不符合实际意义，已舍去）。

回过头来，我们可以看出在牛顿摆的碰撞中，最右侧的球将通过下摆获得的动量经由碰撞传递到左侧并排悬挂的球上，动量在排在中间的球中向左传递。这是因为牛顿摆中每个小球质量都相同，因此两个球在碰撞的时候，交换了速度，运动球的动量全部转移给了静止球，因此出现了交替运动现象。实际情况的严谨解释是，金属球在碰撞过程中产生压力波（压力波的个数与撞击球的个数相关），运动球的动量会在碰撞瞬间以波的形式通过中间的几个球传递出去，对于最后一个球来说，由于其没有可供传递的对象，只能弹出摆起，并在接下来的时间内因重力作用而返回，从而这个过程周而复始地进行下去。

在一些体育赛事中，我们能看到两个质量相等的物体在碰撞时交换速度的现象，例如在冰壶比赛和台球比赛中的碰撞（注意前提是发生了对心碰撞，即碰撞前后物体的速度在同一条直线上）。

反冲现象的分析

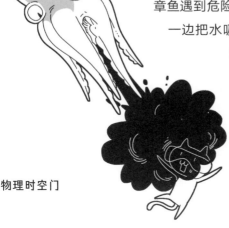

人们公认章鱼是海底无脊椎动物中最聪明的防御专家，你知道章鱼平时如何快速前进吗？当章鱼遇到危险时，它们一边喷出墨汁迷惑敌人，一边把水吸入自己的体腔，然后用力压水将水喷出，使自身获得相反方向的速度，实现身体的快速运动。章鱼能够调整自己的喷水方向，这样可以使它的身体向任意方向前进。那么这种运动包含着什么物理学原理呢？

我们把像这样通过分离出部分物质而使剩余的部分获得速度的现象称为反冲运动。反冲运动中，作用时间短，物体内部相互作用力大（可认为内力远大于外力），系统的总动量守恒。也可以认为，根据动量守恒定律，一个静止的物体在内力的作用下分裂为两部分，一部分向某一个方向运动，另一部分必定向相反方向运动，这就是反冲现象。

反冲运动在生活和科技中应用广泛，观察身边或影视中的事物，凡是以喷出的液体或气体作为动力（或部分动力）的装置都利用了反冲原理。一种在草坪绿化中使用的自动灌溉设备——360°旋转摇摆喷水器，其喷水方向的改变是利用反冲实现的。炮弹在射出炮筒时，由于反冲作用会产生后坐力，这对炮车的固定提出了较高要求，也是在武器设计时必须要考虑的问题。手枪自动上膛也利用了反冲原理，弹头射出，弹壳因为巨大的反冲作用就会向后运动推动机簧自动给手枪上膛，多余的反冲力还会使弹壳从设计好的窟窿里弹出枪膛，所以手枪上好弹夹后只需在第一次发射子弹时手动上膛，之后就交给子弹自己来完成。喷气式飞机使用喷气发动机作为推进力来源，发动机中的燃料燃烧产生气体，气体向后高速喷射产生反冲作用，使飞机获得强大推力向前飞行并达到很大的速度。火箭的升空与生活中焰火的发射原理类似。火箭燃料发生化学反应产生气流向后喷出，带来反冲作用使火箭获得前进速度。现代液体燃料火箭的喷气速度为2000~4000m/s，当火箭推进剂燃烧时，从尾部喷出的气体具有很大动量，根据动量守恒定律，火箭也获得了与气体动量大小相等且方向相反的巨大动量，得以升空。

茹科夫斯基转椅与直升机

——角动量守恒定律

使用可绕竖直轴自由旋转的转椅，可以演示一种很有意思的现象：如果让你坐在转椅上并系好安全带，然后手持哑铃，双臂平伸，请一位帮手帮你推动转椅，使转椅转动起来，这时你如果收缩双臂，会发现你和转椅的转速显著增大！当你双臂再度平伸，转速又会慢回来。这是什么道理呢？

刚刚提到的转椅在物理学上叫作茹科夫斯基转椅，以纪念空气动力学和流体动力学先驱尼古拉·茹科夫斯基。通过茹科夫斯基转椅实验，我们可以定性地观察到物理学中一个重要的规律——角动量守恒定律。

物体平动惯性的大小用质量来量度，而转动惯性（转动物体保持其匀速圆周运动或静止的特性）的大小则用转动惯量来量度。转动惯量用字母 I（或 J）表示。对于一个质点，$I = mr^2$，其中质点 m 是质量，r 是质点和转轴的垂直距离。角动量（L）是描述物体转动状态的量，又称动量矩。在常见的情况下，角动量等于转动惯量与角速度的乘积，即 $L = I\omega$。与"物体（系统）受外力之和为零，则这个物体（系统）动量守恒"类似：物体（系统）受外力矩之和为零，则这个物体（系统）角动量守恒，这一规律称为角动量守恒定律。

在茹科夫斯基转椅实验中，人的双臂并不产生对转轴的外力矩，忽略转轴的摩擦，如阻尼力矩也忽略不计，则绕转轴的外力矩为零，系统的角动量应保持守恒，人和转椅的转速将随着人手臂的伸缩而改变。当人收缩双臂时，转动惯量减小了，角速度必然会增大，反之亦然。花样滑冰运动员表演时，先把双臂张开，并绕通过足尖的垂直转轴以相对较小的角速度旋转。然后，花滑运动员迅速把双臂和腿朝躯干靠拢，你会看到旋转的转速突然增加，旋转更快。理由同样是角动量守恒定律：人的转动惯量变小，角速度就必然增大。

经典战争电影《黑鹰坠落》中黑鹰直升机坠落的片段十分震撼。飞行员驾驶的直升机被火箭弹击中了尾翼螺旋桨，先是机身晃动倾斜，接着尾翼螺旋桨脱落，直升机在空中开始急剧旋转，完全不受控制。在飞行员的连声呼喊中，"黑鹰"最终惨烈坠落。为什么

直升机失去尾翼就会致使飞机急剧自旋并最终坠毁呢？
其实，如果仔细观察影片的内容，我们会注意到在直升
机尾翼被击毁后，机身自旋的方向与机身主螺旋桨旋转
的方向刚好相反，这是角动量守恒定律在起作用的缘
故。多加留意，你会发现影片中所有的单旋翼直升机
都有尾桨。直升机飞行主要靠旋翼产生的拉力，旋翼旋
转时给空气以扭矩（使物体转动的一种特殊力矩），空
气同时以大小相等、方向相反的反扭矩作用于旋翼，再
通过旋翼将这一反扭矩传递到直升机机体。这会使直
升机向与旋翼旋转相反的方向转动，而尾桨产生的拉
力可抵消这种转动，实现航向稳定。改变尾桨拉力大
小可操纵航向。尾桨一旦失去动力，那直升机就要打
转失去控制了。在战斗中，直升机因为尾桨受损而坠
毁的概率远远高于因为其他部位被击中而坠毁的情况。

对称与和谐
——现代物理学的三大基本守恒定律

"守恒"是一种重要的思想。前文先后介绍了能量守恒定律、动量守恒定律和角动量守恒定律，这三个定律就是现代物理学中的三大基本守恒定律。它们的共同点是，只要某种物理过程满足一定的条件，就会有某种物理量在此过程中保持不变。这一特性可以使我们不必考虑过程细节就可以对初末状态的相应物理量做出某些结论性的判断，这是守恒定律的重要优点。它们都可以由牛顿运动定律导出，近代物理的发展已经证实，在牛顿运动定律不适用的物理现象中，这几个守恒定律依然成立。这表明这些守恒定律在自然界具有更普遍、更深刻的基础，即与时间和空间的对称性相联系。

守恒定律是对称性的结果。

如果一个物理过程的发展结果跟这个过程开始的时间无关，我们则说此过程具有时间平移对称性。也就是说，时间平移对称性的意思是在不同的时间物理过程服从相同的规律。比如昨天牛顿运动定律成立，今天成立，明天也成立，不会随时间改变。能量守恒定律是时间平移对称性导致的结果。比如把瀑布水流的动能转变为电能，在任何时间内，同样的水流发出的电能都是一样的，这个能量不会随观察时间的变化而变化。

如果一个物理过程的发展结果跟这个过程发生的空间位置无关，我们则说此过程具有空间平移对称性，也就是说，空间平移对称性的意思是在不同的空间位置物理过程服从相同的规律。动量守恒定律是空间平移对称性导致的结果。

同理，角动量守恒定律是空间旋转对称性（空间各向同性）导致的结果。

对物质运动基本规律的探索中，对称性和守恒定律的关系研究占有重要的地位。二者之间的对应关系，是由德国女数学家艾米·诺特在 1918 年首先发现的，因而被称为诺特定理。定理指出：如果物理定律在某一变换下具有不变性，必相应地存在一条守恒定律。实际上在此之前，物理学家们已经形成了这样的一种思维定式：发现了一种新的对称性，就要去寻觅相应的守恒定律；反之，发现了一条守恒定律，也总要把相应的对称性找出来。诺特定理将物理学中"对称性"的重要性推到了史无前例的高度。不过，物理学家们似乎还不满足，1926 年，又有人提出了宇称守恒定律，把对称性和守恒定律的关系进一步推行到了微观世界。

在我们学习吸收的知识中，有些成长为我们的"肌肉"和"脂肪"，而有些成长为我们的"脊梁"，那就是关于方法和思想的知识。当我们明白了各种对称性与物理量守恒定律的对应关系后，也就明白了对称性原理的重要意义。我们无法想象一个没有对称性的世界，就连物理定律也变化不定，那会是一个多么混乱、多么令人不知所措的世界啊！

脑洞物理学

读完本章内容，同学们可以尝试进行以下探究课题，体验物理学的魅力。

1 观察并查阅资料，分析生活中的简单机械

观察生活中有哪些简单机械？他们分别有什么作用？在生活中为了做事或工作方便，我们应该如何选用不同的简单机械呢？

2 过山车里的力学知识

乘坐过山车很刺激，那风驰电掣、有惊无险的快感令许多人着迷。乘坐过山车不仅能体验到冒险的快感，可能还会灵光一现理解力学定律呢！实际上，过山车的运动包含了许多物理学原理，人们在设计过山车时巧妙地运用了这些规律。

（提示：在开始时，过山车的小列车是靠一个机械装置的推力行驶到最高点的，但在第一次下行后，就再也没有任何装置为它提供动力了。从这时起，带动它沿着轨道行驶的"发动机"是重力势能，即由重力势能转化为动能，又由动能转化为重力势能，这样不断转化。在转化过程中，由于过山车车轮与轨道摩擦产生热量，从而损耗了少量的机械能。这就是将后面的小山丘设计成比开始的小山丘低的原因——过山车已没有足够机械能上升到像前一个小山丘那样的高度了。乘坐过山车最后一节车厢的体验尤为刺激，这是因为在过山车的尾部下降的感觉更加强烈。最后一节车厢通过最高点时的速度比过山车头部的车厢要快，这是由于引力作用于过山车中部的质量中心的缘故。）

3 分析一些成语或俗语中的物理学原理

比如，成语"如坐针毡"体现了压强知识——当压力一定时，如果受力面积越小，则压强越大。俗语"小小秤砣压千斤"包含着杠杆平衡原理。试着找一些成语或俗语，并用物理学知识来解释它们。

学霸笔记

1. 功

如果作用于某物体的恒力大小为 F，该物体沿力的方向运动，经过位移 l，则 F 与 l 的乘积叫作恒力 F 的功，简称功。做功的两个不可缺少的因素是力和力的方向上发生的位移。公式为 $W = Fl\cos\alpha$，其中 α 为 F 与 l 的夹角。功的单位是焦耳，$1J = 1N \cdot m$。功是标量，但有正负之分，正功表示动力对物体做功，负功表示阻力对物体做功。一个力对物体做负功，往往说成是物体克服这个力做功（取绝对值）。

2. 功率

功与完成这些功所用时间的比值叫作功率。功率物理意义在于表示做功的快慢，功率大则表示力对物体做功快，功率小则表示力对物体做功慢。功率也是标量，只有大小，没有方向。功率的单位是瓦特，$1W = 1J/s$。机械的功率有额定功率和实际功率两种。

额定功率一般在机械的铭牌上标明，一般指机械正常工作时的最大输出功率，实际功率指的是机械实际工作时输出的功率，要求小于等于额定功率。使用任何机械都不能省功（功的原理），但可以改变功率。

3. 动能与动能定理

动能是物体由于运动而具有的能，$E_k = \frac{1}{2}mv^2$。单位是焦耳，$1J = 1N \cdot m = 1kg \cdot m^2/s^2$。动能是标量，只有正值。

动能定理的内容是：在一个过程中合外力对物体所做的功，等于物体在这个过程中动能的变化。表达式：$W = \frac{1}{2}mv_2^2 - \frac{1}{2}mv_1^2$。动能定理既适用于直线运动，也适用于曲线运动；既适用于恒力做功，也适用于变力做功。

4. 重力势能与弹性势能

被举高的物体具有重力势能，$E_p = mgh$。重力势能的大小是相对的，与参考平面的选取有关；重力势能的变化量是绝对的，与参考面的选取无关。重力对物体做正功，重力势能就减小；重力对物体做负功，重力势能就增大，即重力对物体做的功等于物体重力势能的减小量（可正可负）。

物体由于发生弹性形变而具有的能为弹性势能。弹簧的弹性势能的大小与形变量及弹簧劲度系数有关，弹簧的形变量越大，劲度系数越大，弹簧的弹性势能越大，即 $E_p = \dfrac{1}{2}kx^2$。

5. 机械能守恒定律与能量守恒定律

重力势能、弹性势能和动能统称为机械能。在只有重力或弹力做功的物体系统内，动能与势能可以互相转化，而总的机械能保持不变，即机械能守恒定律。

做功的过程一定伴随有能量的转化，功是能量转化的量度，即做了多少功，就有多少能量发生了转化。能量既不会凭空产生，也不会凭空消失。它只能从一种形式转化为另一种形式，或者从一个物体转移到别的物体，在转化或转移的过程中，能量的总量保持不变。此为能量守恒定律。

6. 动量与动量定理

物体质量与速度的乘积为动量，即 $p = mv$，单位是 kg·m/s。动量是描述物体运动状态的物理量，是矢量，其方向与速度的方向相同。力与力的作用时间的乘积叫作力的冲量，即 $I = F·t$。冲量是矢量，其方向与力的方向相同，单位是 N·s。动量定理指出：物体在一个过程始末的动量变化量等于它在这个过程中所受力的冲量，即 $p' - p = I$。

7. 动量守恒定律与角动量守恒定律

动量守恒定律指的是一个不受外力或所受外力的合力为零的系统总动量是不变的。

角动量守恒定律指的是一个不受外力矩作用或所受外力的合力矩为零的系统角动量是不变的。

从认知思想上解释，守恒定律是对称性的结果（诺特定理）。

电与磁

当今世界，"电"无处不在。电在我们生活中到底有多重要？如果没有了电，世界会怎样？

突然有一天，全世界的电器全部无法运转，车、自来水、电池、手机和电视都不能使用了。在东京生活的铃木一家四口决定逃离东京，骑自行车去乡下，那里起码可以过上自给自足的生活。他们一人一辆自行车，面对缺水、日晒、狂风暴雨甚至死亡的威胁匆匆上路……这是 2018 年的日本影片《生存家族》的剧情。事实上，如果真的没有了电，我们能看到的绝不是电影中表现的"钻木取火烹食，饮用抽压井水，大锅烧柴沐浴，追逐捕捉牲畜，木筏顺流而下……"这种原始淳朴的画面！没有电，世界会马上陷入瘫痪、混乱甚至战火之中。

电与磁关系密切。电能生磁，磁也能生电，没有磁就没有我们家庭中使用的电。本章我们来谈谈电与磁的有关现象和规律。

物理时空门

本章要点

库仑定律

电流、电压与电阻

欧姆定律与焦耳定律

安培力与洛伦兹力

电磁感应现象与楞次定律

法拉第电磁感应定律

安培定则、
左手定则与右手定则

交变电流、
变压器与远距离输电

无线电波与现代通信

从"顿牟掇芥"说起
——静电现象与电荷

人类是从静电现象开始认识电的。早在东汉时期，杰出的思想家王充就在其所著书籍《论衡》中记载了一种有关静电的现象——"顿牟掇芥"（dùn móu duō gài）。"顿牟"就是琥珀，"芥"指芥菜子，也指干草、纸等的微小屑末。"掇芥"的意思是吸引芥子之类的轻小物体，因此"顿牟掇芥"的意思就是，摩擦过的琥珀具有吸引轻小物体的本领。这说明摩擦起电的静电现象早已被人们注意到。所谓"静电"，是指电荷在物体中能够积聚起来，但是不能持续流动。在欧洲，英国女王伊丽莎白一世的御医吉尔伯特首先引入了"电吸引"这个概念，系统地研究了静电现象。1600年，吉尔伯特发现一些物质互相摩擦后，能够吸引轻小物体，他把这种力称为"琥珀之力"。后来，科学名词

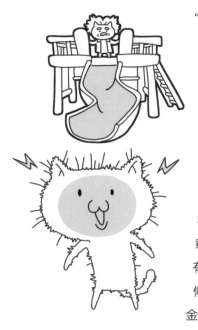

"电"的英文拼写就根据希腊文"琥珀"的词根拟定。

你可能在生活中已经注意到了一些静电现象。在干燥的季节里，早晨起床后用梳子梳头发，梳子和头发摩擦会产生静电。当你脱下毛衣时，会听到"噼噼啪啪"的响声，在晚上可能还会看到闪烁的细小电光。这些现象在西晋的张华编撰的《博物志》中也有记载："今人梳头、脱著衣时，有随梳、解结有光者，亦有咤声。"不仅如此，如果这时候你用手指触及门把手、钥匙、水龙头等金属器物，会有针刺般的电击感。

知识卡片

自然界中只有两种电荷。人们规定丝绸摩擦过的玻璃棒带的电荷是正电荷，毛皮摩擦过的橡胶棒带的电荷是负电荷。同种电荷互相排斥，异种电荷互相吸引。

常见的产生静电的方式有三种，即摩擦起电、接触起电和感应起电。摩擦起电并没有创造电荷，只是电子由一个物体转移到另一个物体，得到电子的物体带负电，失去电子的物体带正电。摩擦起电的实质是电荷在物体间的转移。

如何解释经摩擦带电的物体对轻小物体的吸引呢？原来，在带电体电荷电场的作用下，构成轻小物体的原子正电荷中心与负电荷中心会分开极小的距离（物理学上称为"极化"）。根据电荷间的作用规律，与摩擦带电体电性相反的电荷中心会距离摩擦带电体近一些，引力就比斥力大一些，于是轻小物体就被吸引了。

知识卡片

物体带电的多少叫电荷量，简称为电荷或电量，通常用 Q 表示，单位是库仑（C）。元电荷 e 是最小的电荷，即一个质子的电荷量，$e=1.60\times10^{-19}$C，电子电荷量 $q=-e=-1.60\times10^{-19}$C。所有带电体的电荷量都是元电荷的整数倍。

闪电是发生在云与云之间、云与地之间或云体内的强烈放电现象，一道闪电长度可达数百甚至上千米。闪电释放的电能很大，粗略估算地球上每天有数百万次以上的雷电发生，释放的电功率是葛洲坝水电站发电功率的几千倍。在闪电发生之前，巨大的云层聚积的电荷量最多可达几百库仑，可见库仑是一个比较大的电荷单位。

电荷间的相互
作用规律
——库仑定律

电荷间同种电荷相斥，异种电荷相吸，但相斥和相吸的力究竟有多大呢？今天，很多中学生都知道了两个点电荷之间的作用力满足库仑定律。但这一规律的发现实际上极为曲折，很多科学家在这一问题上做了大量的猜想和实践。

1755 年，美国科学家富兰克林观察到电荷只分布在导体表面，而在导体内部没有静电效应。1759 年，德国物理学家艾皮努斯提出一种假设，认为电荷之间的斥力和引力随带电体的距离减少而增大。不过，他并没有用实验验证这个假设。1760 年，还有人猜测电力会跟万有引力一样服从平方反比定律，这种想法在当时有一定的代表性。

1773 年，英国物理学家卡文迪许用两个同心金属壳做实验，通过重复实验，他确定电力服从平方反比定律，而且他得到的结果在当时的条件下十分精确。受牛顿研究万有引力的影响，卡文迪许圆满解释了电荷在导体表面分布并严格遵守距离平方反比律的原因。他说："从牛顿的证明中同样能得到这样的结论，如果排斥力反比于稍高于二次方的幂，电荷将被推向中心；如果排斥力反比于稍低于二次方的幂，电荷将被从中心推向外缘。"卡文迪许是"一切有学问的人当中最富有的，一切富有的人当中最有学问的"（法国物理学家毕奥语），但生性孤僻，很少与人交往，直到他去世，都没有公开发表这一研究结果。1879 年，英国的麦克斯韦整理出卡文迪许的这项研究成果，他的研究才为世人所知。如果这个成果能够及时发表，也许现在的库仑定律就要改个名称了。

库仑的实验

库仑是法国工程师和物理学家。他是怎样巧妙地得出两电荷间作用力规律的呢？他的研究包括两个方面：两电荷之间排斥力的规律和两电荷之间吸引力的规律。

在 1785 年，库仑利用扭秤实验测量了两电荷之间的排斥力与它们之间距离的关系，他得出结论："两个带有同种类型电荷的小球之间的排斥力与这两球中心之间的距离平方成反比。"库仑在《电力定律》的论文中详细地介绍了他的实验装置、测试经过和实验结果。

库仑扭秤核心部件由一根悬挂在细长线上的轻棒和在轻棒两端附着的两只平衡球构成。当球上没有电作用力的时候，轻棒处在平衡状态。如果两球中有一个带电，同时把另一个带同种电荷的小球放在它附近，则会有电斥力作用在这个球上，使可动球被排斥开，使棒绕着悬挂点转动，直到悬丝的扭力与电斥力达到平衡为止。因为悬丝非常细，很小的力作用在球上就能使棒明显地偏离它的原位置，转动的角度与力的大小成正比。两个带电体之间的不同距离是容易调节和测量的。

但在库仑那个年代有一个现实的困难：那时既没有电荷量的单位，也无法测量物体所带的电荷量。于是按照实验的需要，库仑巧妙地利用对称性原理对金属球的电量进行改变。他先让金属球 B 带上电荷，假设其电量为 Q。使它与没有带电的金属球 A（A、B 两个球完全一样）相接触，即 A、B 两球的电量都是 Q/2。如果再用一个不带电的完全相同的球与 B 球接触后分开，每重复接触一次，B 球的电量都会减半，因此依次可得 Q、Q/2、Q/4、Q/8……用这个方法，库仑让可动球和固定球分别带上同量的同种电荷，并调整两个球之间的距离，细致地做了三次实验，得出结论：斥力的大小与距离的平方成反比。

然而，扭秤方法在异种电荷实验中遇到了麻烦。因为引力的变化要比金属丝扭力变化快，这就不能保证扭秤的稳定。两带电球如果相距较远，则其误差很大；如果相距较近，两球往往会相碰——这是因为扭秤十分灵活，多少会出现左右摇摆的缘故。两球相吸的结果常常是相互接触而发生电荷中和现象，使实验无法进行下去。于是，为了探究电荷间引力与电荷间距离的平方是否也成反比，库仑又设计了一个电摆实验，利用与单摆相似的方法进行测量，证明异种电荷之间的引力也与它们距离的平方成反比。

库仑定律：真空中两个静止点电荷之间的相互作用力，与它们电荷量的乘积成正比，与它们距离的二次方成反比，作用力的方向在它们的连线上。表达式为 $F = k\dfrac{q_1 q_2}{r^2}$，式中 $k = 9.0 \times 10^9 \mathrm{N \cdot m^2/C^2}$，叫作静电力常量。在空气中，两个点电荷的作用力近似等于真空中的情况，库仑定律也成立。当两个带电体的间距远大于本身的大小时，可以把带电体看成点电荷。

　　库仑定律是电学发展史上的第一个定量规律，它使电学的研究从定性进入定量阶段，是电磁学和电磁场理论的基本定律之一，是电学史中的一个里程碑。到目前为止，理论和实验表明点电荷作用力的平方反比定律是非常精确的。从著名的 α 粒子散射实验到地球物理领域的实验均表明，库仑定律在 $10^{-11} \sim 10^{7}$ 米的尺度范围内都是十分可靠的。

信鸽为何自带 "导航"？
——磁场

动物是人类的朋友，有些动物不仅能陪伴人类并给人们带来欢乐和便利，在关键的时候还能救人性命。第二次世界大战期间，不仅涌现了大量的英雄人物，也诞生了不少"英雄动物"。那些在战场上做出特殊贡献的动物们有时也会被授予军事奖项，比如著名的"迪肯勋章"。二战结束后，联军共颁发了66枚迪肯勋章，其中1枚授予猫，3枚授予马，29枚授予狗，32枚授予信鸽。

信鸽因在战争中发挥重要作用成为获得"迪肯勋章"最多的动物，人们主要利用信鸽精准的长距离飞行来传递情报。你知道信鸽为什么能正确地辨认方位吗？

一些物体能够吸引铁、钴、镍等物质，这些物体叫作磁体。磁体具有磁性，磁体各部分磁性强弱不同，磁性最强的叫磁极。磁体周围存在磁场，能对放入其中的其他磁体产生磁力。能够自由转动的磁体（比如悬吊着的小磁针），静止时指南的那个磁极叫作南极（south pole）或 S 极，指北的那个磁极叫作北极（north pole）或 N 极。磁极间相互作用的规律是：同名磁极相互排斥，异名磁极相互吸引。

中国春秋时期就有人发现一些天然矿石具有磁性，并发现地磁场对磁石的作用，利用其来指向。最早的指南仪器叫作司南。将磁石制成勺状，把它放在光滑圆盘上，勺底与圆盘接触，勺柄用作指向。司南多用于航海领域，后逐渐改进，发展成为今天的罗盘。现在人们利用天然磁矿石、钢与人工合成材料可以制作各种人造磁体。

地球具有磁场，我们可以把地球看作一个巨大的球形磁体。地理的两极和地磁场的两极并不重合，磁针所指的南北方向与地理的南北方向略有偏离，它们

之间的夹角称为地磁偏角，简称磁偏角。不同的地方，地磁偏角的大小也不尽相同，比如在漠河是11°00′，北京是5°50′，广州是1°09′。这就是在有些地方我们使用指南针辨别方向时，指针并不与地理南北方向完全重合的原因。

地球的磁场不是一成不变的。磁场的强度、地磁偏角、磁极的位置等都会发生变化。研究发现，在地球漫长的历史中，地磁极的倒转已经发生过多次。目前，物理学家们并不能对地磁极若干年后的位置做出准确的预测。地磁极为什么会出现移动，我们现在有的只是猜想，但如果地磁极突然变化，会让依赖地磁场导航的物品——大到飞机轮船，小到手机手表都迷失方向。

与生俱来的 "地磁导航系统"

人类早就发现信鸽具有惊人的远距离辨向本领，早在古埃及时，就有人把鸽子训练成高效可靠的"传令兵"。第二次世界大战期间，虽然无线电已经发明出来并得到广泛应用，但在通信战线上信鸽仍占有重要地位。1943 年 11 月 18 日，英国第 56 步兵旅为了迅速突破德军防线，请求盟军空军予以火力支援。正当盟军飞机要起飞时，一只名为"格久"的信鸽送来一封十万火急的信件："德军防线已被第 56 步兵旅攻占，请求紧急撤销轰炸！"千钧一发之际，若不是信鸽带来消息，步兵旅 1000 名士兵就会因信息未及时传递而被战友误伤，甚至丧失生命。据分析，12 分钟的时间内，这只信鸽竟飞行了超过 30 千米。英国伦敦市长将迪肯勋章授予这只立下大功的信鸽，人们会一直记得这个故事。

在过去很长的一段时间里，人们把信鸽高超的辨向本领归结于它的视力和记忆力。直到 20 世纪，科学家才用实验证实了信鸽是依赖地磁场来判别方向的。科学家把数百只训练有素的信鸽分成两组，一组信鸽翅下系小磁铁，另一组信鸽翅下系同样大小的铜块，然后把它们带到距离鸽舍数十至数百千米的地方分批次放飞。结果绝大部分带铜块的信鸽飞回了鸽舍，而系磁铁的信鸽却全都飞散了。这说明磁铁的磁场扰乱了信鸽体内的导航系统，把它们弄得晕头转向。后来科学家在解剖信鸽时，在信鸽头部找到了许多具有强磁性的四氧化三铁（Fe_3O_4）颗粒，这些颗粒（磁性细胞）排列成较为固定的形状，组成了对地磁场十分敏感的导航系统。后来的研究表明，除信鸽外的一些候鸟头部也有丰富的磁性颗粒，这样它们就可以进行长距离迁徙，却从不会迷失方向。

　　此外，多观察留意身边的动物，你可能会观察到蜜蜂、苍蝇等昆虫在起飞或降落的时候往往愿意取南、北方向（即地磁场方向）。在科学实验中，如果在蜂巢的四周放上几块强磁体（比如钕铁硼），很多外出采蜜的工蜂会找不到自己的蜂巢。如果把强磁体放进它们巢里，可以发现蜂巢里的蜜蜂一反常态，连飞行舞蹈的姿势都与平时大相径庭。这种现象显然是磁场惹的祸。

直观描述抽象电磁场的方法
——电场线与磁感线

在物理学的发展过程中，出现过很多伟大的物理学家，他们对于人类的进步做出了杰出的贡献。其中有一位物理学家闪耀着特殊的光芒，他就是仅读过两年小学却被称为"电学之父"的英国物理学家迈克尔·法拉第。后来有人说：由于法拉第是自学成才，和当时别的大师相比，数学功底稍逊色一些，所以法拉第总是想通过物理实验方法去解决一些难题，最终

电场和磁场是客观存在于电荷和磁体周围的一种物质，其基本性质是对放入其中的电荷或磁体有力的作用。为了描述抽象的电场和磁场，法拉第提出了"力线"的概念来解释电、磁现象，这是物理学理论上的一次重大突破，为经典电磁学理论的建立奠定了基础。

百炼成钢成为 19 世纪电磁学领域中最伟大的实验物理学家。这种说法不无道理，电场线与磁感线的确如同神来之笔。

我们在电场或磁场中画出一些曲线，曲线上每一点的切线方向都跟该点的场强度方向一致，曲线的疏密表示场的强弱，这些线在电场中称为电场线（电力线），在磁场中称为磁感线（磁力线）。电场线上每一点的切线方向就是放置在该点的正电荷的受力方向；磁感线每一点的切线方向就是放置在该点的小磁针 N 极的受力方向。

电场线与磁感线可以借助实物模拟出来。以磁感线为例，将磁铁平放在桌面上，在磁铁周围撒上碎铁

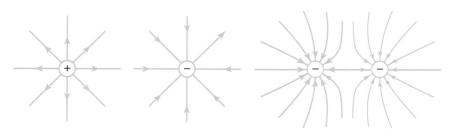

孤立点电荷电场　　　　　　一对等量同号点电荷电场

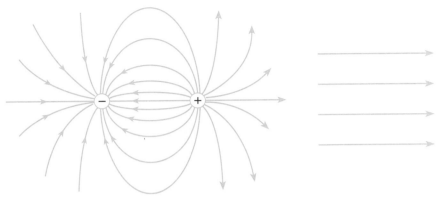

一对等量异号点电荷电场　　　　　　匀强电场

屑或摆上小磁针，就可以显示其周围的磁场情况了。进一步根据碎铁屑（已被磁化成小磁体）或小磁针的指向，我们可以得到其周围的磁感线。类似地，人们用悬浮在蓖麻油中的轻小物体可以模拟出电场线的分布情况。常用到的电场线有点电荷的电场线、匀强电场线等。

电场线与磁感线有共同点，也有差异。共同点是电场线与磁感线都是研究问题的假想工具，实际并不存在。还有一个共同点就是，二者中都不能出现相交，因为不论电场还是磁场中的任意一点，场的方向只能有一个，过一个点只能画一条切线。不同的是电场线有起点和终点（从正电荷出发，终止于负电荷），而磁感线是闭合曲线，没有起点和终点，也就是说磁体内部也有磁感线。

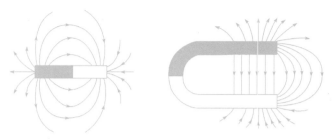

条形磁铁与蹄形磁铁磁场

　　用电场线和磁感线描述电场和磁场，并不涉及精确的数学工具，但这种"线"的观念给人们带来一种新的物理思想。在法拉第步入花甲之年后，另一位电磁学巨匠——英国物理学家麦克斯韦接触到了法拉第关于电磁学方面的新理论和思想。当他读到法拉第的《电学实验研究》时激动得不能自持，他以犀利的眼光看出法拉第的"场"和"力线"思想的真实意义。于是他抱着给法拉第的理论"提供数学方法基础"的愿望，决心以数学手段弥补法拉第的不足，立志把法拉第的"场"和"力线"天才思想以清晰准确的数学形式表示出来。1856 年，麦克斯韦在剑桥发表了"电磁学三部曲"的第一篇论文——《论法拉第的力线》，用矢量微分方程描述电场线，将数学与电学完美结合。此后，他连续发表《论物理学的力线》和《电磁场的动力学理论》，用麦克斯韦方程组将电磁场的本质内涵以优美的现代数学形式充分展现给世人，将物理学推向一个前所未有的新高度。

油罐车为什么拖一根长铁链？

——静电的应用与预防

随着生活水平的提高，汽车的使用日渐普及。不知道你注意过没有，在运输汽油、柴油的油罐车尾部拖着一根长长的铁链，行驶时会发出哐当哐当的声音。是司机懒惰到连垂落在地的铁链都不处理吗？当然不是。这根链子大有用途。

原来，油罐车在灌油、运输过程中，燃油与油罐摩擦、撞击会产生静电。产生的静电如果没有及时导走，积累到一定程度会产生电火花，引起爆炸。于是人们就想了个办法，采用一根拖在地上的铁链把静电导走。不仅油罐车如此，飞机在大气中飞行时与空气摩擦带的电，在着陆过程中如果没有导走可能会对地勤人员造成伤害。地勤人员接近机身时，人与飞机间会产生火花放电，严重时甚至能将人击倒。为防止这种情况发生，飞机机轮或装有搭地线，或用导电橡胶制成，保证着陆时将机身静电导入大地。

为什么在汽车或飞机的外表连接一根导线就能导走静电呢？这需要用静电平衡的知识来解释。

空腔导体（不论是否接地）带上电荷后，因为同种电荷互相排斥，导体内部没有电荷，电荷只分布在导体的外表面，形成静电平衡。导体处于静电平衡时，内部合电场处处为零，且导体外表面形状越尖锐的位置单位面积电荷量（即电荷的密度）越大，凹陷位置几乎没有电荷。

导体尖端电荷密度大，由此产生极强的电场，使空气电离成带正负电荷的粒子，与导体尖端的电荷符号相反的粒子由于被尖端吸引，与尖端上的电荷中和，相当于导体从尖端失去电荷，此现象称为尖端放电。

应用尖端放电原理，人们制造了很多装置，油罐车下拖着的长铁链就是其中之一。自然界中存在着很多静电，闪电是其中的一种。云层由于移动摩擦带电，一旦和地面或建筑发生放电现象，就会释放能量，能量以火花形式呈现，也就是闪电。为了避免闪电对建筑物的伤害，高层建筑都会安装避雷针。

静电极易产生，且能形成较高电压，因此在人类生产生活中静电的危害很常见。比如，静电会严重干扰飞机无线电设备的正常工作；纸张间的静电会使纸粘在一起，给印刷带来麻烦；在制药厂里，静电吸引尘埃，会使药品达不到标准纯度；电视机荧屏表面的静电易吸附灰尘，使图像清晰度和亮度降低；静电火花易点燃某些易燃物而发生爆炸，比如在手术室引起麻醉剂爆炸，在煤矿引起瓦斯爆炸……

那么，该如何预防静电带来的危害呢？方法也有很多：除油罐车拖地铁链和飞机的机轮搭地线外，营造潮湿的空气环境可使静电很快消失，在地毯中夹入不锈钢丝也可将静电导入地下……

事物具有两面性，静电既会带来危害，也可以被人们利用。静电的应用已有多种实例，依据的原理大多是让带电物质微粒在电场力作用下奔向并吸附到电极上。比如，静电除尘器可消除烟气中的灰尘，它主要由电离区和集尘区组成。电离区附近的空气分子被强电场电离为电子和正离子。被电离后的离子向前移动时，遇到烟气中的灰尘，使灰尘带电，然后被吸附在带电集尘盘上，这样除尘器就排出了清洁的气体。在静电喷涂中，使油漆微粒带电，在电力作用下，油漆微粒飞向作为电极的工件，并沉积在工件表面上，完成油漆工件的任务。在静电植绒中，使绒毛带电，可以把绒毛植在涂有黏合剂的纺织物上，形成刺绣似的纺织品。静电复印机或激光复印机程序虽复杂，但核心原理很简单，就是利用静电吸附墨粉进行复印。

电路研究的基本物理量
——电流、电压与电阻

电流

电流的概念对人们深入研究电学和电磁现象有着重要的意义。因为任何运动着的物体都要比它处于相对静止时更能显露出其本质和丰富多彩的性质。电流的发现和研究不仅使人类对电荷的认识有了质的飞跃，开辟了一个新领域，而且也打开了探索电现象与其他物理现象内在联系的大门。

所谓电流，就是电荷沿一定的方向移动的现象，在金属导体中的电流是靠自由电子的定向移动来形成的。电流通过电路时，会产生许多新的效应：电流通过电灯的时候，电灯就发热发光；电流通过电风扇的时候，电风扇就能转动；电流可使蓄电池充电；电流还可带动电动机做功……这些现象表明，电流可通过各种特定器件将电能转化为其他形式的能量。

意大利波洛尼亚大学的一位解剖学教授伽伐尼第一个发现了电流。1780 年，伽伐尼和他的助手在做解剖青蛙实验的过程中，偶然发现当解剖刀与蛙体神经相接触时，蛙腿出现了抽动的现象。他和助手做了上百次实验，得出了结论并且公开发表在波洛尼亚大学 1791~1792 年的工作纪要上：电来自蛙体的神经，解剖刀作为导体起传导作用而形成电流。他把这种电称为"动物电"（现在叫作生物电）。从此，对电流的研究拉开了序幕。

电荷的定向移动形成电流。物理学中将通过导体某一横截面的电量和时间的比值称为电流强度（I），简称电流。定义式为 $I=\dfrac{q}{t}$，国际制单位是安培（A），常用单位有毫安（mA）、微安（μA）等，$1A = 1000mA = 10^6μA$。电流的方向规定为正电荷定向移动的方向，如果形成电流的是定向移动的负电荷，则电流方向与负电荷的定向移动方向相反。

购买手机的人经常会关心续航时间的长短。目前智能手机基本上是一天一充电，有的机型使用数个小时就需要充电，所以经常能看到有人带着充电宝随时给手机"加油"。为了让手机续航时间有所提升，现在的手机厂商开始把电池容量做大，比较主流的在 3000mAh 左右，而主打长续航的机型都在 4000mAh 以上，手机电池、充电宝后面也标有电池容量参数。那么，mAh 具体是什么意思呢？

这里的"h"指小时，根据电流定义，4000mAh 就是 4Ah，即电池内含 $4 \times 3600 = 14400$ 库仑电量。也就是说表征电池容量的参数指的是电池内的电荷量，"4000mAh"我们也可以等效地理解为电池以 10mA 大小的电流（手机待机时的大约数值）持续向外供电，可以供电 400 小时。当然，考虑实际使用过程中，电池受温度等诸多因素的影响会有所变化。

常见的电流分为直流和交流两种，手机电池提供的是直流电流，交流电的应用更为广泛。同样数值的直流电和交流电，人的感知情况是不同的，交流电流比同样数值的直流电流对人体的危害更大。以现在普遍使用的交流电为例，人体对电流的感知反应为：当电流为 0.5~1mA 时，人就有手指、手腕麻或痛的感觉；当电流增至 8~10mA 时，人的针刺感、疼痛感增强，肌肉发生痉挛，但最终还能摆脱带电体；当接触电流达到 20~30mA 时，会使人迅速麻痹不能摆脱带电体，而且血压升高，呼吸困难；电流为 50mA 时，就会使人呼吸麻痹，心脏开始剧烈颤动，数秒就可致命。而当人体触及直流电时，感知电流平均约为 4mA；摆脱电流平均约 60mA；引起心室颤动的电流，当持续时间为 30ms（毫秒）时约为 1.3A，当持续时间为

3s 时约为 500mA，大大高于交流电的数值。

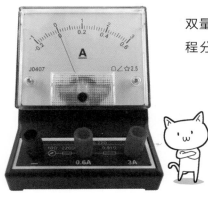

中学物理阶段测量电流的工具是一种双量程的电流表（接入不同的接线柱，量程分别为 0~3A，0~0.6A）。使用时，电流表要串联在电路中，确保电流从正接线柱流入电流表，负接线柱流出电流表，且被测电流不能超过电流表的最大量程，否则不仅测不出电流值，还会打弯指针甚至烧坏电表。

电压

电压是电路中自由电荷定向移动形成电流的原因，也叫电势差或电位差。"电势差"和"电位差"的叫法普遍用于电现象的分析中，"电压"的叫法则常用于电路分析中。电路中的电流与水的流动类似：水的流动需要水压，电流的流动需要电压，电路中提供电压的装置就是电源，类似于产生水压的抽水机一样。干电池、铅蓄电池、锂电池都是直流电路中的电源。

你知道水果也能制成电池吗？如果你把一个锌片和一个铜片插进橙子中，用两根导线的一端连接两个金属片，另一端放在舌头的上、下面，你的舌头会感到有点麻木和酸味，这是"橙子电池"起作用了！不想舌头发麻的话，也可用电表代为测试。如果一个水果电池威力不够，试试多串联几个，毕竟做完实验还可以吃掉！

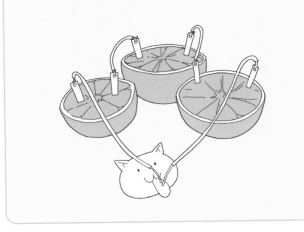

电路中获得持续电流的条件是：电路中有电源（或电路两端有电压 U），且电路是连通的。电压的国际制单位是伏特（V），常用单位有千伏（kV）、毫伏（mV）、微伏（μV）等，$1kV = 1000V$，$1V = 1000mV = 10^6 μV$。一节干电池两端的电压是 1.5V，一节蓄电池两端的电压是 2V，家庭电路的交流电压是 220V，工厂动力电路的交流电压是 380V。

中学物理测量电压的工具是一种双量程的电压表（接入不同接线柱，量程分别是 0~3V，0~15V）。使用时电压表要并联在测量的用电器上，电流同样从正

接线柱流入电压表，负接线柱流出电压表，且被测电压不能超过电压表最大量程。

不当用电会带来危险，你知道对人体的安全电压是多少吗？中学物理教科书提到，36V及以下是对人体的安全电压，其实这只是通常的情况，指一般环境下允许持续接触的安全电压不得超过36V。实际情况中，安全电压数值应考虑多种因素综合确定，电压超过安全数值时，必须采取保护措施防止直接接触带电体。世界各国的安全规定有所不同，中国规定特别危险环境中的手持电动工具采用42V电压标准，有电击危险环境中使用的手持照明灯采用36V或24V电压标准，金属容器内、高度潮湿环境中使用的手持照明灯采用12V电压标准，水下作业等环境需采用6V电压标准。

电阻

你可能听说过物体可分为导体、绝缘体和半导体，这种分类方式是从物体的哪个性质加以区别的呢？

自从人们开始研究电，就实验了各种材料在电路中对电流的影响，一个直观的结论是不同材料的物体导电性能不同。导电性能好的材料称为导体，导电性

所有导体在电路中对电流都有阻碍作用，这种作用的大小用电阻（R）来表示，国际制单位是欧姆（Ω），简称欧，常用单位千欧（kΩ）、兆欧（MΩ）等。电阻的倒数 $1/R$ 称为电导，国际制单位是西门子（S），简称西。导体电阻越大，其对电流的阻碍作用越大。

能差或不导电的材料称为绝缘体，导电性能介于导体和绝缘体之间的材料称为半导体。为准确表示材料导电性能高低，物理学家提出了电阻和电阻率的概念。

电阻是导体本身的一种性质，是描述导体导电性能的物理量，其数值大小取决于导体的材料、长度、横截面积，此外还与温度有关。电阻大小可表示为

$R=\rho\dfrac{l}{S}$。其中 ρ 为导体电阻率，是描述导体导电性能的参数，不同材料 ρ 不同。l 为导体长度，S 为导体横截面积。

金属电阻率较小，是制作导线的好材料。在常见金属导体中，导电性能最好的是银，考虑其经济价值，一般不用银制作导线，而使用导电性能较好的铜、铝。导体和绝缘体间没有绝对界限，随着条件改变，绝缘体导电能力也可能增强，甚至变成导体，比如潮湿的木材或加热到红热的玻璃。

常温下部分导体电阻

导体	电阻 /Ω
手电筒灯泡灯丝	1~20
家用白炽灯灯丝	100~10000
实验室铜线	<0.1
电流表内阻	<1
电压表内阻	1000~100000
人体（干燥环境）	2000
人体（出汗时）	1000

　　电阻与温度也有关，那么想让电阻变小，温度应该升高还是降低呢？答案是降低。科学家们研究发现，某些导体在温度很低的环境中，如汞冷却到 -268.98℃以下，电阻变成了零，即出现低温超导现象。具有这种性能的材料叫作超导材料，超导材料电阻变成零时的温度叫作超导临界温度。目前必须在液态氮冷却环境下运用超导体。科学家们正在努力提高超导临界温度并寻找适用的超导材料，如果能把超导现象应用于常温环境，世界很可能将改变模样。目前中国关于超导技术的各项研发均已步入正轨，部分领域的研发属国际先进水平。

　　电阻可以分为定值电阻和可变电阻（变阻器）。变阻器在电路研究中用途广泛，可以通过改变自身电阻来改变电路中的电流。常用的变阻器有两类：滑动变阻器和电阻箱。滑动变阻器变阻原理是通过改变接入电路中的电阻丝长度来改变电阻，实际电路中人们常用体积较小的电位器代替滑动变阻器。滑动变阻器的优点是能够连续地改变接入电路的电阻，缺点是不能读出接入电路的阻值。电阻箱刚好相反，优点是能读出接入电路的阻值，缺点是不能连续地改变接入电路的电阻。

电路中的重要规律
——欧姆定律与焦耳定律

欧姆定律

将电阻的单位定为"欧姆",是英国科学促进会在1864年为了纪念德国物理学家欧姆而制定的。那时欧姆去世已有十年,距欧姆得出他的定律也有近四十年了。欧姆定律刚发表时,并没有被科学界接受,连柏林学会也没有注意到它的重要性,欧姆本人甚至还受到一些人的讽刺与诋毁。但科学是公正的,1831年,英国科学家波利特在实验中多次引用欧姆定律,最后得出准确的结果。他将此事撰写成文并发表,欧姆定律从此开始受到人们的重视。此后,物理学家纷纷把欧姆定律运用到电学、磁学的实验和研究中，欧姆定律便普及开来。

在学习欧姆定律前，我们先来简单介绍电路图的表示方法。为了简洁地表示电路中的规律，我们需要对一些电学物理量和常用元件符号的表达做出约定。请同学们记住这些中学阶段常用的元件及符号。这些国际通用的符号简捷直观，能够提高电学研究的沟通效率。

用元件符号代表元件连成的图是电路图，既可以突出元件的连接关系，也可以清楚地表达设计人员的思想。了解了这些基础的表示方法，我们就可以开始学习欧姆定律了。

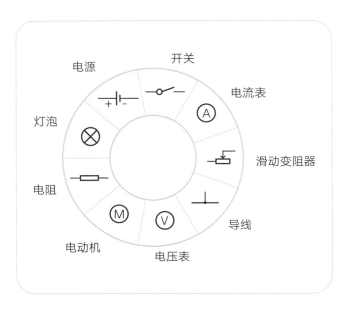

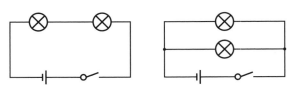

串联电路与并联电路

欧姆定律包括部分电路欧姆定律和闭合电路欧姆定律。部分电路指的是一段电阻电路，是不包括电源的外电路或外电路的一部分。部分电路欧姆定律的内容是：流过导体的电流强度与这段导体两端电压成正比，与这段导体的电阻成反比，表达式为 $I=\dfrac{U}{R}$。闭合电路对应部分电路，也称全电路，包含电源，由内、外电路两部分组成，电荷沿闭合电路绕行一周可回到原位置。闭合电路（全电路）欧姆定律的内容是：闭合电路电流与电源电动势成正比，与内、外电路电阻之和成反比，表达式为 $I=\dfrac{E}{R+r}$。

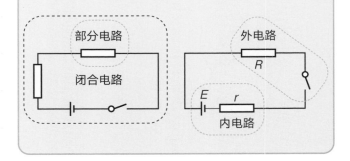

电动势反映电源把其他形式的能转换成电能的本领，常用 E 表示，单位是伏特（V）。电动势使电源两端产生电压。闭合电路欧姆定律指出，电源的电动势等于内外电压之和。

前面我们提到国家规定的安全电压上限值都在50V 以下。你知道这一限值是怎么得出来的吗？假如人体允许的极限交流电流是 30mA，人体电阻平均值是 1700Ω，用欧姆定律算一算，交流安全电压上限值是多少？

再来分析一个实例。在马路上，经常可以看到成群的小鸟停落在几万伏的高压电线上，不仅不会触电，而且悠闲自在，飞起又飞落，依然安然无恙。这是为什么呢？原因是高压输电的电压是两根电线之间的电压，而不是小鸟双爪之间的电压。小鸟的身体较小，它只接触了一根电线，双爪之间的电线电阻几乎为零，根据欧姆定律可知，小鸟双爪之间的电压也几乎为零，小鸟身体上没有电流通过，所以它们不会触电。这与电业工人在高压线上带电作业不同时接触两根电线的道理是一样的。但是，如果蛇爬到电线上就危险了。蛇的身体较长，当它爬到高压线上后，身体把两根电线连接起来，会瞬间毙命。钻进配电房的老鼠常常会触电死亡同理。

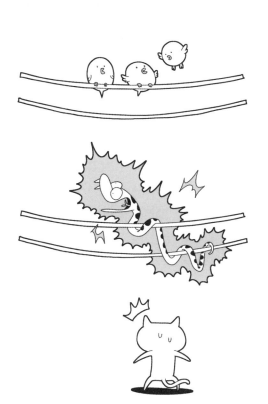

中学阶段研究欧姆定律一般使用伏安法。伏安法是一种较为普遍的测量电阻的方法，通过利用欧姆定律变形式 $R = U/I$ 来测量电阻值，因用电压除以电流所以叫伏安法。伏安法分为电流表内接法和电流表外接法，为了测量的准确性，在测量较大阻值的电阻时采用内接法，而测量较小阻值的电阻时采用外接法。

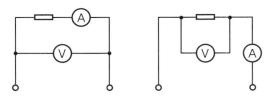

伏安法测电阻的电流表内接和外接

通过伏安法和其他方法，人们研究了很多电阻。对于任一电阻，以其两端电压为横轴，以对应的通过导体的电流为纵轴，可以做出电流与电压的关系图像，称作电阻的伏安特性。不同的元件伏安特性不同，比如金属导体的伏安特性图像是倾斜的直线，因此金属导体称为线性元件或欧姆元件；而半导体的伏安特性图像是曲线，因此半导体称为非线性元件。

焦耳定律

很多同学喜欢看电视，而家长有时候又不让，怎么办呢？于是有的同学与家长玩起了"捉迷藏"的游戏，家长一出家门就打开电视，家长回家时，一听到开门声就关掉电视。但是有的家长比较"聪明"，轻易就能发现孩子是否看了电视。他们是怎么做到的？其实，家长回家摸一摸电视后盖有没有发热就知道了。从物理学角度解释就是，电流流过任何用电器都会产生热效应。焦耳定律对电流热效应进行了定量说明。

电热器是利用电流的热效应来加热的设备，电饭锅、电烙铁、电热毯、电炉、电熨斗、电暖气等都是常见的电热器。想一想，使用电炉时，为什么电炉丝热得发红，而导线却几乎不发热呢？

电流通过导体所产生的热量和导体的电阻成正比，和通过导体的电流的平方成正比，和通电时间成正比。该定律是英国物理学家焦耳首先发现的，因此叫焦耳定律。焦耳定律可用公式表示为 $Q = I^2Rt$，其中 Q 表示热量，单位是焦耳（J）。

焦耳定律是一个实验定律，它对任何导体、所有的电路都适用。1841 年，24 岁的焦耳开始对通电导体放热的问题进行深入的研究。他把父亲的一间房子改成实验室，一有空便钻到实验室里忙个不停。焦耳先把电阻丝盘绕在玻璃管上，做成电热器，然后把电热器放入玻璃瓶中，瓶中装有已知质量的水。他给电热器通电并开始计时，用鸟羽毛轻轻搅动水，使水温度均匀。从插在水中的温度计，可随时观察到水温的变化，同时用电流计测出电流的大小。焦耳做了 400 多次实验，精准地确定了电流产生的热量与电阻、电流大小和通电时间的定量关系，得到现在的焦耳定律。焦耳把这一实验规律写成论文，并于 1841 年发表在英国的《哲学杂志》上。然而，由于当时焦耳只是一个经商的酿酒师，又没有大学文凭，他的论文并没有引起学术界的重视。一年后，俄国彼得堡科学院院士楞次也做了电与热的实验，并得到与焦耳完全一致的结果，焦耳的论文才受到重视。后来人们把这个定律叫作焦耳定律，也叫焦耳 - 楞次定律。

思考
时刻

如今，如果你想对焦耳定律的内容做探究，是很容易实现的，因为已经有专门的实验仪器了。特别指出，焦耳定律的探究方法是"控制变量法"，主要的探究关系为：控制电流和电阻相同，研究电热与通电时间的关系；控制通电时间和电阻不变，改变电流的大小，研究电热与电流的关系；控制通电时间和电流不变，改变电阻大小，研究电热与电阻的关系。控制变量法通过对已知量的了解来减少对未知量估计的误差，是科学研究和实验推理中一种十分重要的方法，将来你做实验研究时还会用到呢！

　　了解了焦耳定律，就可以解释为什么电炉丝热得发红，而导线却几乎不发热了。导线和电炉丝串联，电流相同。由于电炉丝的主要组成部分是发热体，发热体是由电阻率大、熔点高的电阻丝绕在绝缘材料上制成，电阻比导线电阻大很多。因此根据焦耳定律，同样时间内电炉丝产生的热量要比导线多很多。所以，电炉丝热得发红，而导线却几乎不发热。日常生活和生产都要用到电热，电热水器、养鸡场电热孵化器都是例子。但是，很多情况下我们并不希望用电器温度过高。电视机、显示器后盖有很多小孔，就是为了通风散热；电脑运行时 CPU 温度升高，还需要利用风扇及时散热。

　　电能消耗的过程就是电流做功的过程，是电能转化为其他形式能的过程。电流做的功等于这段电路两端的电压 U、电路中的电流 I 和通电时间 t 三者的乘积，公式表示为 $W=UIt$。电功与电热的关系是 $W \geqslant Q$。电炉电路和含电动机的电路中，电能转化时的情况并不相同。电炉电路把电能全部转化为内能，全部用来发热，这种电路称为纯电阻电路。含电动机的电路中，电能主要转化为电动机转动的机械能，少部分电能转化为电动机的内能，这种电路称为非纯电阻电路。对于纯电阻电路，$Ult = I^2Rt$，即 $U = IR$；而对于非纯电阻电路，$Ult > I^2Rt$，即 $U > IR$。

所以从电功与电热的关系上可以看出，欧姆定律适用于纯电阻电路，对于非纯电阻电路不成立。现实生活中绝大多数用电器电路都是非纯电阻电路，只要想象一下相反的情况就能明白原因：比如在炎热的夏天，我们需要凉爽的风降温，这时打开电风扇，发现电风扇只是对我们发热，那将是怎样的一番情景啊！

来自科学家的启示

欧姆定律和焦耳定律都是电路中重要的基础定律，发现过程十分艰辛，而且在发现之初人们并不重视。欧姆发现欧姆定律的研究工作长达 10 年（1817~1827年），是在他从事中学数学和物理教学的业余时间完成的。当时电流的测量还是尚未解决的技术难题，欧姆曾想利用电流的热效应结合导体的热胀冷缩来测量电流。但实验发现这种方法很难取得精确的结果。

后来他经过不断探索，巧妙地利用电流的磁效应和库仑扭秤相结合，创造性地设计了一个电流扭秤，用它来测量电流，才得出了比较理想的结果，最终建立了欧姆定律。

焦耳虽出生在富有的酿酒师家庭，但从小子承父业，并没有接受过系统的教育。一次偶然的机会，他认识了英国著名化学家、物理学家——"原子之父"道尔顿。从小失学的道尔顿是一名自学成才的化学家，他经过自学，先后当上了小学老师、中学老师、大学老师。这样的人生经历给焦耳很大的启发，于是焦耳追随着道尔顿，走上了用实验研究科学的道路。除了大家熟知的焦耳定律，他还发现了热和功之间的转换关系，并由此得到能量守恒定律，最终发展出热力学第一定律。国际单位制的导出单位中，能量的单位焦耳就是以他的名字命名。欧姆和焦耳两位科学家坚持不懈的探索精神值得我们学习，希望同学们在学习过程中也能养成这种对知识不断追求，不断探索，持之以恒的好习惯。

奥斯特实验与电流的磁效应
——电与磁的内在联系（上）

　　人们很早就发现电现象与磁现象有很多相似之处，而且一些事实也表明电和磁之间有一些"神秘"的联系：1681年7月，一艘航行在大西洋的商船遭到雷击，船上的三个罗盘全部失灵——两个磁性消失，另一个指针的南北指向颠倒。1731年7月，一次雷击发生后，英国的一名商人发现雷电使他的钢制餐具有了磁性。1751年，美国物理学家富兰克林发现莱顿瓶（一种储电装置）放电后，附近的钢针被磁化了……

　　当时也有人不相信这种联系，比如库仑虽然发现电力与磁力都与距离平方成反比，但他认为电和磁之间没有关系，也不可能互相转换。不过，相信这个观点的人也很多，寻找电磁之间的内在联系成为很多科学家的研究课题。在 19 世纪初期，研究终于有了进展，标志性事件就是著名的奥斯特实验。

1820 年 4 月的一个晚上，丹麦物理学家奥斯特在哥本哈根上课。在演示一个电学实验时，他无意中发现有个小磁针在通电的导线靠近时摆了一下。由于磁针的摆动不大明显，在场的学生并没有在意，奥斯特却大喜过望。据说他当时高兴得竟在讲台上摔了一跤，因为他知道这正是他多年来苦苦追寻的能够证明电流可以产生磁场的现象。

之后奥斯特紧紧抓住这个现象，接连进行了三个月的深入研究，反复做了几十次实验，最终证明在通电导线附近会产生环形磁场，即电生磁的现象。他把实验成果写成题为《关于电流对磁针作用的实验》的论文，发表在法国的《化学与物理学年鉴》上，仅用了 4 页纸，没有任何数学公式，也没有示意图，但却以简练的文字向全世界宣告：人类第一次找到了电和磁的转换关系！

奥斯特的研究成果引起科学界轰动。曾经当过物理教师的法国著名生物学家、《昆虫记》的作者法布尔有句名言："机会总是留给有准备的人。"这一发现貌似偶然，仔细想来，对已投身寻找电磁间联系 13 年的奥斯特来说，也许是个必然。

奥斯特实验演示了电流的磁效应，表明通电导线周围存在磁场，磁场方向与电流方向有关。磁场强弱及方向特征用磁感应强度（B）来反映，磁感应强度由磁场本身决定，单位是特斯拉，简称特（T）。磁感应强度是矢量，其方向即磁场方向，与放在该点的小磁针 N 极受到的磁力方向一致。

电流的磁效应的典型应用实例是电磁铁和电磁继电器。

将通电导线密绕成螺旋状，并在中空部分插入合适的铁芯就组成了电磁铁。在通电螺线管内部插入的铁芯会被通电螺线管的磁场磁化，磁化后的铁芯也变成了一个磁体，这样由于两个磁场互相叠加，从而使磁性大大增强。电磁铁断电时没有磁性，通电时有磁性，磁性的强弱与电流大小、线圈匝数等因素有关。与永久性磁铁相比，电磁铁具有磁极可以通过电流方向控制、磁性有无可以通过电流有无控制、磁性强弱可以通过电流大小控制等优点，因此应用广泛。比如电磁起重机，是用来搬运钢铁材料的装置，利用电磁铁产生的强大磁场力，可将成吨的各种铁料（铁片、铁丝、铁钉、废铁等）免捆扎收集搬运，大大简化了炼钢车间和废钢铁回收中的工作。

实际应用中，人们还利用电磁铁做出电磁继电器。电磁继电器是实现自动控制不可或缺的电学元件之一，主要由两个独立电路（通常是低压控制电路和高压工作电路）组成。低压控制电路，即电磁铁电路主要包含电磁铁和一些传感器元件。当把继电器接入实际电路中，某些条件会触发电磁铁电路的通断，即控制磁性有无，这会引起触点移动，进而控制高压工作电路的通断。直接控制或操作高电压、强电流电路是很危险的，而电磁继电器很好地解决了这一问题，帮助轻松实现"低压控高压、弱电控强电"，个头虽小，作用却很大呢！

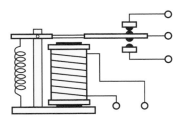

安培力与洛伦兹力
——磁场中的作用力

　　磁体间的吸引或排斥是通过磁场发生作用的，既然奥斯特实验表明电流周围存在磁场，那么电流和磁场、电流和电流之间必然也会发生相互作用。人们利用磁场对电流的作用，制成用电驱动、能连续转动的装置，那就是电动机。

知识卡片

磁场对电流的作用力叫作安培力，由法国物理学家安培首先通过实验确定，因而得名。磁场的强弱用磁感应强度 B（简称磁感强度）表示。长为 L 的直导线通有电流 I 时，在方向垂直于导线的磁场中受到的安培力为 $F=BIL$；如果磁场与电流平行，电流不受安培力。一般地，安培力的表达式为 $F=BIL\sin\theta$，式中 θ 是磁场与电流之间的夹角，$B\sin\theta$ 可以理解为是垂直于导线的磁感应强度分量。

科学史上，最早的电动机雏形是法拉第1821年制作的电磁旋转器，是一种在水银杯中由固定的磁铁（或固定的导线）围绕固定的通电导线（或固定的磁铁）连续旋转的装置。1828年，物理学家阿尼斯·杰德里克发明了世界上第一台实用的电动机。这台包含了3个主要组成部分（定子、转子和换向器）的自激式电磁转子旋转直流电动机，采用了水银槽换向器、由永久磁铁产生的固定磁场和旋转绕组。这台电动机后来存放在布达佩斯应用艺术博物馆，至今仍能运转。1873年，比利时人格拉姆发明大功率电动机，从此电动机开始大规模应用于工业生产。现在，从个人计算机磁盘里的小功率电动机到工厂车床、高铁动车使用的大功率电动机，各式各样的电动机在我们日常生活中发挥着不可替代的作用。不论什么类型的电动机，都离不开"磁场对电流有作用力"这一基本原理。

为什么磁场对通电导线有作用力呢？电流是电荷的定向运动形成的，因此，安培力本质上是每个运动电荷受到的磁场力的宏观表现。

知识卡片

运动电荷在磁场中受到的作用力叫作洛伦兹力，因荷兰物理学家亨德里克·洛伦兹首先提出而得名。由安培力和电流微观上的表达式可以推得洛伦兹力 $f = qvB\sin\theta$，式中 θ 是 v 和 B 的夹角。如果运动电荷的速度与磁场方向垂直，洛伦兹力 $f = qvB$；如果运动电荷的速度与磁场方向平行，则其不受洛伦兹力作用。

从理论上分析，垂直进入磁场的运动电荷仅在洛伦兹力作用下将做匀速圆周运动，并且根据牛顿第二定律可以得出其半径和周期（$qvB = mv^2/r$，$T = 2\pi r/v$）。

在地球高纬度地区的室外有时可以看到洛伦兹力的作用效应——极光。我们知道，地球是一个巨大的磁体，地球磁场能阻挡宇宙射线（主要来自太阳），保护着地球不被射线中的高能粒子直接轰击，靠的就是洛伦兹力！绚丽多彩的极光是来自太阳的高能带电粒子流（太阳风）使大气层中的分子或原子激发（或电离）而产生的。极光多发生在地球南北两极附近地区的高空，是因为地磁场产生的洛伦兹力对带电粒子的运动起了导向作用。实际上，极光产生的条件有三个——高能带电粒子、大气环境和磁场，三者缺一不可。

如何由磁生电？ ——电与磁的内在 联系（下）

　　电与磁之间是有联系的，电能生磁，那么磁能否生电呢？这在奥斯特实验之后便成为一个诱人的问题。1821 年电磁旋转器实验的成功，大大鼓舞了法拉第研究这一问题的信心。因为法拉第确信客观事物本身的结构应该是对称的，而且还有一个更为重要的原因：当时人们获得电流主要依靠伏打电池，可是伏打电池造价昂贵且电力不足，如果能制造出新的产生电流的装置就太好了。为此，法拉第坚持了十年的实验研究，终于获得回报。1831 年 11 月底法拉第写了一篇论文，向英国皇家学会报告实验结果，概括了产生电流的五种情况：变化的电流；变化的磁场；运动的稳恒电流；运动的磁铁；在磁场中运动的导体。法拉第把上述现象称为"电磁感应"，产生的电流叫作感应电流。

穿过某一面积 S 的磁感线条数的多少用磁通量 Φ 表示，匀强磁场中 $\Phi = BS_\perp$，单位是韦伯（Wb）。对于同一个平面，当它跟磁场方向垂直时，穿过它的磁感线条数最多，磁通量最大；当它跟磁场方向平行时（$S_\perp = 0$），没有磁感线穿过它，磁通量为零。只要穿过闭合电路的磁通量发生变化，闭合电路中就有感应电流产生。当穿过电路的磁通量发生变化但电路不闭合时，电路中有感应电动势，但没有感应电流。

我们现在把磁生电（电磁感应）的条件描述得十分简洁，是因为用了"磁通量"这一概念。请注意磁通量的物理意义表示的是磁感线条数的多少，磁感线条数是否变化是我们判断是否产生电磁感应现象的根本依据。如果线圈在匀强磁场中上下或左右平移，磁通量不变，因此不产生感应电流。但是如果线圈面积放大或缩小，使磁通量发生了变化，便会产生感应电流。

磁生电的重要应用非发电机莫属。法拉第发现了电磁感应现象之后不久，就利用电磁感应发明了世界上第一台发电机——法拉第圆盘发电机。将一个铜圆盘放置在蹄形磁铁的磁场中，圆盘的边缘和圆心处（固定有摇柄）各与一个铜电刷紧贴，用导线把电刷与电流表连接起来，当转动摇柄使铜圆盘旋转起来时，电流表的指针发生偏转，这说明电路中产生了持续的电流。

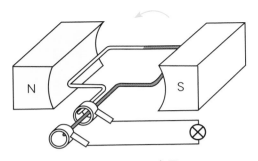

发电机原理示意图

发电机是把机械能转化为电能的装置，在日常生活和生产中使用广泛。发电机的分类很多，比如按发电种类可以分为直流发电机和交流发电机。不论何种发电机，其工作原理都基于电磁感应现象中的物理规律。

电磁感应现象的发现具有划时代的意义，不仅进一步揭示了电与磁的本质联系，还找到了机械能与电能之间的转化方法。在实践上，开创了电气化时代的新纪元；在理论上，为建立电磁场理论体系打下了重要的基础。

楞次定律与法拉第电磁感应定律
——电磁感应的规律

磁生电作为划时代的发现，给人类开启了一扇新的窗户，一时间世界各地的物理学家们纷纷投入到电磁感应的研究中，渴望在这片新开垦的土地上能开花结果。19 世纪欧洲科学界风起云涌，在法拉第、安培、楞次、麦克斯韦、赫兹等一大批科学家的共同努力下，对电磁感应规律的探索越发深入。

电磁感应中最基本的规律是描述感应电流方向的规律——楞次定律，以及描述感应电动势大小的规律——法拉第电磁感应定律。

楞次定律

1834 年，俄国物理学家海因里希·楞次概括了大量实验事实，总结出描述感应电流方向的规律。

楞次定律的内容是：感应电流具有这样的方向，即感应电流的磁场总要阻碍引起感应电流的磁通量的变化。

楞次定律描述的感应电流的方向规律，是能量守恒定律的必然结果。"感应电流的磁场阻碍引起感应电流的原磁场磁通量的变化"可以理解为：为了维持原磁场磁通量的变化，就必须有动力作用，这种动力克服感应电流的磁场的阻碍作用做功，将其他形式的能转变为感应电流的电能，所以楞次定律中的阻碍过程实质上就是能量转化的过程。

楞次定律的核心是"阻碍"两字，"阻碍"不是"阻止"，而是"反抗"的意思。这一点可以从楞次定律的一种英文表述中体现出来：The direction of an induced current is such as to oppose the cause producing it. 翻译过来就是，感生电流的方向使得感生电流反抗产生它的原因。

楞次定律根据原磁通量的变化可简单表述为"增反减同",即当原磁通量增大时,感应磁场的方向与原磁场方向相反;当原磁通量减小时,感应磁场的方向与原磁场方向相同。从运动效果上可以表述为"来拒去留"。如果在可转动横梁两端各有一个闭合金属环和不闭合金属环,当磁铁靠近闭合金属环时,环会"躲闪"导致横梁转动;当磁铁要远离金属环时,环会"挽留"磁铁的远离,跟着磁铁运动起来。而磁铁靠近或远离不闭合金属环时却没有这样的效果,因为不闭合环无法产生感应电流。对于闭合金属环的表现,无论其远离还是靠近磁铁,都是楞次定律中阻碍效果的体现,即"来拒去留"。这也很像"敌进我退、敌退我追",又如唐代诗人李商隐笔下的"相见时难别亦难",原来圆环和磁铁间也有"真爱"。

法拉第电磁感应定律

感应电流方向的规律可以用楞次定律来描述,那么感应电流的大小又遵循什么规律呢?根据欧姆定律,感应电流的大小可由感应电动势的大小和电路中的电阻计算而来,不同的电路电阻不同,但感应电动势都遵守一个共同的规律——法拉第电磁感应定律。我们知道,感应电动势指的是在电磁感应现象中产生的电动势，而电磁感应现象发生的根本在于磁通量的变化。法拉第通过大量实验发现，感应电动势的大小与磁通量的变化率成正比，与回路电阻大小无关。1845 年纽曼等人根据法拉第的实验研究成果给出了数学表达式。基于法拉第揭示电磁感应现象的巨大贡献，人们仍以法拉第的名字命名这条定律。

法拉第电磁感应定律：电路中感应电动势的大小与穿过这一电路的磁通量的变化率成正比。若感应电动势用 E 表示，则 $E=k\Delta\Phi/\Delta t$。在国际单位制下，磁通量的单位取韦伯（Wb），时间单位取秒（s），感应电动势单位取伏特（V），则 k 值为 1，感应电动势大小可以表示为 $E=\Delta\Phi/\Delta t$。若闭合电路是一个 N 匝的线圈，则感应电动势大小为 $E=N\Delta\Phi/\Delta t$。

有一种常见的产生感应电动势的情况——闭合电路的一部分导体切割磁感线，这种情况下法拉第电磁感应定律可以表达为更为直观的形式。导轨上的导体棒以速度 v 运动（"×"表示磁场方向垂直

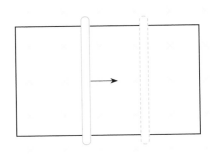

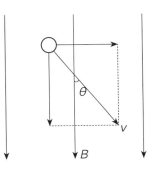

纸面向里），导体棒的切割长度为 L，此时闭合回路 $\Delta\Phi = B\Delta S = BLv\Delta t$，于是 $E = \Delta\Phi/\Delta t = BLv$。当导体运动速度的方向与磁场方向有一夹角 θ 时，我们可以将速度分解为垂直和平行于磁场方向的两个分量，平行的分量不产生感应电动势，垂直分量为 $v\sin\theta$，产生的感应电动势为 $E = BLv\sin\theta$。生活中使用的交流电的基本表达式就是用这个式子推导出来的。

涡流、电磁驱动与电磁阻尼
——电磁感应的应用

涡流

出于安全原因，现在乘坐飞机、火车、地铁等公共交通工具需要进行安全检查，一般使用安检门或手持安检器。同学们有没有想过，安检门、安检器的工作原理是什么？

知识卡片

当金属导体处在变化着的磁场中或金属与磁场有相对运动时，由于电磁感应的作用，在整块金属导体内会产生感应电动势，进而产生感应电流。这种电流在导体中的分布随导体表面形状和磁通分布变化而变化，其路径往往类似于水中的漩涡，因此称为涡（电）流，由法国物理学家莱昂·傅科于1851年发现，又称傅科电流。

涡流的应用主要体现在两个方面，第一个方面是利用涡流的磁效应。安检门和手持安检器都属于金属探测器，其基本原理是当探测线圈靠近金属物体时，由于电磁感应现象，金属导体中产生涡流。探测器捕捉到涡流的磁场，并将其转换成声音信号，根据声音的有无，就可以判定探测线圈下面是否有金属物体了。战场上使用的便携式探雷器依据的也是这个原理。

第二个方面是利用涡流的热效应。根据焦耳定律 $Q = I^2Rt$，电流通过导体产生的热量主要取决于电流和电阻的大小。在涡流的应用中，变化的磁场通常由交变电流产生，交流电的频率越高，产生的交变磁场的频率就越高，感应电流（即涡流）越大，典型应用如电磁炉加热食物。电磁炉是一种电子炊具，因省电节能、效率高、无明火、使用方便、加热均匀等优点广受青睐。但是，并不是所有材料制成的锅都适合在电磁炉上使用，为什么呢？先来看看电磁炉的构造和原理吧。

电磁炉的炉面是一块高强度的耐热陶瓷板或结晶玻璃板，炉面下是空心螺旋状的高频感应加热线圈（铜质平线盘），加热线圈下是整流变频电路及相应的控制系统。电磁炉的工作过程是这样的：输入电流经过整流器被转换为直流电，再经高频电力转换装置使直流电变为 2 万~3 万赫兹的高频交流电。将高频交流电加在螺旋状的感应加热线圈上，由此产生高频交变磁场，磁场的磁感线穿透炉面作用于金属锅，锅体因电磁感应产生强大的涡流，涡流克服锅体电阻流动时电能转化为热能，成为烹饪食物的热源。

电磁炉工作时感应线圈几乎不发热，所以空载电磁炉（即炉面上没放锅）的炉面温度与室温相同。用于电磁炉的平底锅材质通常为铁或钢，原因是这类材质含磁性分子（铁、钴、镍及其氧化物分子），在受到高温加热时，其加热负载和感应涡流能够相匹配，具备比较高的能量转换率，磁场外泄也很少。其他材质的锅就不适合在电磁炉上使用了，不仅是陶瓷类、玻璃类的绝缘体制成的锅不适合，就连铜、铝等导体制成的锅也不适合。

涡流的热效应在工业上也有应用。感应电炉利用涡流的热效应来熔化金属，是现代工业中对金属材料加热效率最高、速度最快且低耗环保的加热设备。高频焊接机无需易燃易爆气体，由高频磁场作用在金属物体上产生涡流效应，利用金属物体固有电阻生成热量，可以瞬间熔化任何金属物体，将目标工件焊接在一起。

电磁阻尼与电磁驱动

导体与磁场发生相对运动时，在导体中会产生感应电流，感应电流受到的安培力总是阻碍它们的相对运动。利用安培力阻碍导体与磁场间相对运动称为电磁阻尼。当磁场以某种方式运动时，导体中的安培力为阻碍导体与磁场间的相对运动，而使导体跟着磁场运动起来，这称为电磁驱动。电磁阻尼和电磁驱动都可以用楞次定律来解释，它们是来拒去留的具体表现。

在电磁阻尼摆实验中，一开始在最低处先不加磁铁，拉起铝片使其摆荡，观察到铝片会摆荡较长时间才慢慢停下来。之后在最低处加上磁铁，拉起铝片再使其摆荡，结果是经过最低处时，铝片明显减速甚至急停。电磁刹车也是利用了电磁阻尼原理。电磁刹车也称涡磁刹车、磁力制动，是近年来为保证过山车最后进站前的安全而设计的一种刹车形式。电磁刹车的制动器由磁力很强的钕铁硼磁铁制成，并不与车体直接接触，因此没有机械式刹车可能摩擦过热的问题，另外下雨天也不会出现刹车打滑，可靠性更高。

在电磁驱动演示实验中，安装好手柄，转动磁铁，会看到磁场内被支架支起来的铝框也跟着一起转动。根据楞次定律可以做出如下分析：磁铁运动带来铝框磁通量变化，因此铝框产生感应电流，受到安培力，跟随磁铁一起运动。两者转动的方向相同，但铝框转速始终小于磁铁转速（想一想为什么）。感应式电动机（异步电动机）就是根据这个原理制成的，另外，超高层建筑中的垂直电梯不能使用过长的钢缆，也会采用电磁驱动。电磁驱动还可用于制作机械仪表，如汽车速度计、家用电表等。

跟着我左手右手一个慢动作

——电磁场中的三大定则

安培是和奥斯特同时期的法国数学家，他被电流的磁效应深深吸引，以至于放弃了自己已有一些成就的数学研究领域，转向物理学领域。安培在重做奥斯特实验的基础上，提出了用来判定电流磁场方向的安培定则。后来人们又研究出了磁场力方向的规律，名为左手定则；以及电磁感应中导体切割磁感线时感应电流方向的规律，名为右手定则。

安培定则

安培定则又称为右手螺旋定则。在确定电流磁效应中电流方向和磁场方向的关系时，有三种常见的情况。

通电直导线周围磁场方向：想象右手握住导线，伸直大拇指，使其所指方向跟电流的方向一致，则弯曲的四指所指的方向就是磁感线（磁场）的环绕方向。

环形电流周围磁场方向：让右手四指弯曲的方向与环形电流的方向一致，伸直的大拇指所指的方向就是环形导线轴线上磁感线的方向。

通电螺线管周围磁场方向：通电螺线管可视为若干环形电流叠加而成，所以手的握法与环形电流相近。想象右手握住螺线管，让四指的弯曲方向与螺线管的电流方向相同，大拇指所指的那一端就是通电螺线管内部的磁感线方向，也可认为大拇指指向螺线管磁场的 N 极。

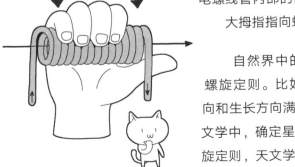

自然界中的某些现象也符合右手螺旋定则。比如，牵牛花茎的缠绕方向和生长方向满足右手螺旋定则。在天文学中，确定星球北极时也遵循右手螺旋定则，天文学家马林斯简洁地描述了这一规则:"使你的右手握拳成拇指向上的形状。如果行星的运转方向与你手指的弯曲方向相符,你的大拇指所指的就是北极。你可以试着比划一下地球(自西向东运转)就明白了。"

左手定则

左手定则又叫电动机定则。1885 年,担任英国伦敦大学电机工程学的弗莱明教授发现学生经常弄错磁场、电流和受力的方向,于是想出来一个简单的方法帮助学生记忆,左手定则由此诞生:将左手展平,四指并拢,拇指与四指呈 90° 夹角。假想让磁感线穿过手掌心,四指指向电流方向或正电荷运动方向(如果运动电荷是负的,四指指向电荷运动的反方向),大拇指的指向即安培力或洛伦兹力的方向。

右手定则

右手定则又叫发电机定则,也是由弗莱明教授创造，可以判断导体在磁场中移动（切割磁感线）时所产生的感应电流方向：将右手展平，四指并拢，拇指与四指呈 90° 夹角。假想让磁感线穿过手掌心，大拇指指向导体切割磁感线的方向，则四指指向产生的感应电流的方向。

思考时刻

总结一下三定则适用的问题情形吧。右手螺旋定则判定电流和磁场关系，左手定则判定磁场对通电导线作用力方向，右手定则判定闭合电路中一部分导体切割磁感线产生的感应电流方向。生产实践中，左右手定则应用较为广泛。左右手各有分工，是用左手还是右手呢？若磁场中有电流，分析其受力用左手定则；若是导体在磁场中运动而产生电流，用右手定则。简言之："左力右电。"因电而动用左手，因动而电用右手，即口诀"左通力右生电"。例如判断发电机感应电动势的方向时要用右手定则，判断电动机的旋转方向则要用左手定则。你还可以借鉴汉字结构来比较这两个定则："力"字最后一笔向左撇，就用左手；而"电"字最后一笔向右甩，就用右手。

电光四射，磁力奔涌
——电磁场在科学技术中的应用

电磁炮

电磁发射是一种全新概念的发射方式。电磁轨道炮（简称电磁炮）是指通过电磁感应原理，利用电流产生强磁场，进而利用安培力加速载荷并发射的技术。与传统依靠工质膨胀做功驱动载荷运动的发射方式相比，电磁炮可将载荷加速至极高速度，加速过程更加平稳，且速度和加速度可任意调控，其射程超越传统火炮的极限，同时还具有能量转化效率高、结构简单、命中率高、噪声小、安全性高等特点，在军事、航天、交通领域都有着巨大的潜在优势和广阔的应用前景。

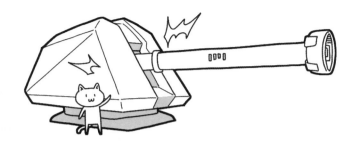

　　电磁轨道炮的理念最早是在 1920 年由法国人维勒鲁伯提出。现在使用的电磁炮主要由电源、高速开关、加速装置和炮弹四部分组成。炮弹弹丸外裹着软壳材料并在尾部连有电枢（一种装有线圈的部件），炮弹夹在平行的两条导轨之间。当发射弹丸时，两轨接入电源，电流从一导轨经电枢流向另一根导轨（弹丸上无电流），强大的电流在两导轨间产生强大的反向磁场，并与电枢形成的第三个磁场相互作用，产生巨大的磁场力。磁场力推动电枢和置于电枢前面的弹丸沿导轨加速运动，使炮弹获得极大的初速度（理论上可以到达亚光速，实际上由于现有电子元器件的限制达

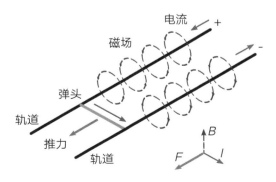

不到），最后从炮口末端发射出去。之后，电枢和包裹弹丸的软壳脱落，弹丸飞向目标。

电磁炮对电力系统的要求很高，在设计和使用时要考虑诸多方面的要求和限制，比如常规舰艇难以满足电磁炮的安装需求，如要安装要么制造全新舰艇，要么对现有舰艇进行全面改装。电磁炮虽然结构复杂，原理上却十分简单——通电导体在磁场中受安培力而运动。

电磁炮的用途不仅仅是作为武器，在航天领域人们可以利用电磁炮把有效载荷从地面发射至太空。科研部门做过测算，利用火箭发射 1 千克物体的成本在2000~8000 美元之间，而使用电磁炮的发射成本仅在1~2 美元之间，而且可以重复使用，安全性好。在交通领域，电磁轨道列车也已被设计出来并投入试运行。

速度选择器

速度选择器也叫滤速器，这种装置能通过控制电场和磁场的强度把具有某一特定速度的粒子选择出来，因此得名。速度选择器是一些离子分析仪、散射谱仪、质谱仪等仪器的重要组成部分，它由两块平行金属板构成。工作时在两板上加一定电压，两板间便形成匀强电场，同时在两板间垂直于电场方向上加一匀强磁场。当带电粒子以一定的速度沿中线处狭缝进入速度选择器，会同时受到电场力和磁场力的作用，只有符合特定要求的带电粒子才会不发生偏转，最终沿直线飞出。

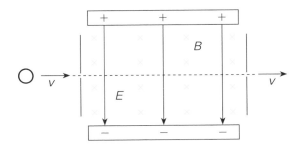

一定速度的带电粒子进入速度选择器，因重力远小于电磁力，可认为带电粒子只受电场力 qE 和洛伦兹力 qvB 作用。能够沿直线匀速通过速度选择器的带电粒子受力关系必然是 $qvB = qE$，即 $v = E/B$。如果粒子的速度不是 E/B，洛伦兹力就不等于电场力，粒子会偏向力大的一侧做曲线运动，而不能通过选择器的狭缝。粒子能否通过速度选择器，取决于粒子速度，与粒子的质量、电量、电性无关。比如，把速度 $v = E/B$ 的正电荷粒子换成负电荷粒子，仍然可以直线通过，因为它受到的洛伦兹力和电场力的方向都发生了改变，结果仍然是受力平衡的。

回旋加速器

如何知道一个核桃里面是什么样子的？你可以用锤子把它砸开。如何知道原子核里面的情况呢？科学家们用另一把"锤子"把它砸开——用高能粒子轰击原子核！高能粒子是现代粒子散射实验中的"炮弹"，是研究原子核结构时最有用的工具。粒子能量多大才算高能呢？为了能够进入到原子核内部，高能粒子的能量至少要达到兆电子伏（MeV）的级别。以 α 粒子（氦原子核）为例，达到 1MeV 的能量大约需要7070000m/s 的速度，这个速度大概 6 秒钟就可以绕地球一周。

如何获得高能粒子呢？物理学家做出加速器，通过电场加速带电粒子。加速器是核科学研究的重要平台。

但是，要将粒子加速至高能状态，所需直流电压非常高，技术上难以达到。怎么办呢？有人提出了多级加速方案，这样粒子就可以一直加速下去，这种加速器也称为直线加速器。

可是这个方案有个缺陷，就是所需要的加速电极数量多，设备非常长，占地面积很大，难以普及，比如美国的斯坦福直线加速器（SLAC）长达 3200 米。如果能把多级加速系统的各级电场合并成一个，并能让粒子每经过一次加速后都能返回这个电场再次加速就好了，这样能大大减少设备占地空间和材料成本。美国物理学家托马斯·劳伦斯发明的回旋加速器解决了直线加速器占地空间大的问题，且对后来核裂变及核力的研究起了十分重要的作用。

回旋加速器是利用磁场使带电粒子做回旋运动，并在运动中经高频电场反复加速的装置，主要部件是在磁极间的真空室内放置的两个半圆形的金属扁盒（D 形盒）。两 D 形盒相对放置，中间隔开很小的间隙。使用时，在 D 形盒上加交变电压，其间隙处产生交变电场。置于中心的粒子源产生的带电粒子受到电场加速进入 D 形盒，D 形盒内只有磁场，粒子仅受磁场产生的洛伦兹力，在垂直磁场的平面内做圆周运动。洛伦兹力提供向心力，$qvB = mv^2/r$，可得粒子回转半径为 $r = mv/qB$。粒子做圆周运动周期为 $T = 2\pi r/v = 2\pi m/qB$，T 与 v 无关，粒子绕行半圈的时间为 $\pi m/qB$，其中 q 是粒子电荷，m 是粒子质量，B 是磁场磁感应强度。控制 D 形盒上所加的交变电压周期恰好等于粒子在磁场中做圆周运动的周期，则粒子绕行半圈后正赶上 D 形盒上电压方向反向，粒子仍将被加速。由于上述粒子绕行半圈的时间与粒子速度无关，因此粒子每绕行半圈经过狭缝时就会被加速一次，绕行半径逐渐增大。经过多次加速，最后带电粒子沿螺旋形轨道从 D 形盒边缘飞出，能量可达几十兆电子伏。

回旋加速器也有缺陷，就是对带电粒子不能无限加速。也就是说回旋加速器加速带电粒子，因相对论效应，速度达到一定数值就不能再增加，所以近年来物理学家们又开始发展直线加速器了。

霍尔效应

1879 年，一位名叫霍尔的美国物理学家在研究金属的导电机制时发现了一种电磁效应——当磁场方向与电流方向垂直时，导体在与磁场、电流都垂直的方向上出现了电势差，这就是霍尔效应。

霍尔效应的原理：在一个金属或半导体薄片两端通入控制电流 I，在垂直于薄片的方向施加磁感应强度为 B 的磁场，则在与电流和磁场垂直的方向上产生电势差，此电势差称为霍尔电压 U_H。利用电场力和洛伦兹力的平衡，可计算出其大小为 $U_H = R_H I B/d$，式中 R_H 为霍尔系数，d 为薄片在磁场方向上的厚度。霍尔系数 $R_H = 1/ne$，n 为薄片单位体积的自由电子或载流子（可自由移动的带有电荷的物质微粒）数目，e 为电子电量。半导体中的霍尔效应比金属更为明显，测量霍尔系数是研究半导体材料性能的一种基本方法。

利用霍尔效应制成的各种霍尔元件，具有对磁场敏感、结构简单、体积小、频率响应宽、输出电压变化大和使用寿命长等优点，因此在测量、自动化和信息技术等领域得到广泛应用。汽车、电脑和大多数家用电器中都使用了霍尔元件，但由于其体积小且被封装了起来，我们就很难直接见到其庐山真面目了。

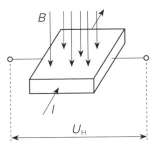

电网为何采用高压输电？
——交流电与变压器

你一定见过或听说过高压电网，并可能会思考，我们家庭用电器需要 220V 的电压就够了，为什么要采用高压输电呢？出于安全因素考虑，还要为高压电网架设很高的铁塔，维护维修也不方便，而且高压电网周围一定距离内不能有建筑物……听起来很麻烦，可是为什么世界各国还是青睐于采用高压输电呢？接下来，我们对这一问题做一些分析。

我们知道，输电的本质是发电站把电能输送给用户，也可以理解为输送的是电功率。发电厂一般修建在远离城市的地方，从发电站到居民用户，每一度电都要跋山涉水，千里奔袭。除了感叹路途不易，我们还要注意电能"走过"的每一寸土地上都要有导线，这么长的距离，我们在实验室连接电路时可以不考虑导线电阻，在这里肯定不行了。因此在输电过程中，输电线上会损失很多电能，全国那么多电线加起来，可不是个小数字。那么怎么减小损耗呢？

根据焦耳定律可知，导线上的电能损失是 I^2Rt，电功率损失是 I^2R，解决问题的方案就出来了：一是减小输电线电阻，二是减小输电线中的电流。

方案一

先来分析减小输电线电阻方法。根据电阻定律 $R=\rho\dfrac{l}{S}$ 可知，减小输电线电阻的子方案有三个：减小输电线长度、增加输电线截面积、减小导线电阻率。减小输电线长度显然不现实——用户总不能都搬到发电厂附近吧！增加输电线截面积行不行呢？通过一个小例子算一算：如果把 220kW 功率的电能用铝导线

（电阻率 $2.9 \times 10^{-8} \Omega \cdot m$）按 220V 电压输送到 100 千米处，使导线上的功率损失为输送功率的 10%，导线的横截面积需要多大呢？没想到，答案竟是大约 420 平方厘米，比碗口还粗！放弃。那减小导线电阻率总行了吧！我们的电线一般是用铜做的，查电阻率表可知铜的电阻率是 $1.75 \times 10^{-8} \Omega \cdot m$，比铜还小的只有银了（电阻率是 $1.65 \times 10^{-8} \Omega \cdot m$）。而且银的电阻率也没小多少，关键是成本太高，又太软不安全。方案一全军覆没。

方案二

再来分析减小输电线中的电流。根据电功率的定义式 $P = UI$ 可知，减小输电线中电流的子方案有两个：减小输电功率、提高输电电压。可是，由于发电厂的装机容量和用户需求基本是一定的，因此在实际输电时不能靠减小输电功率来减小输电电流。说来说去，办法只剩一个：提高输电电压。在输电功率和输电线电阻一定的情况下，输电电压每提高一倍，输电电流就减小一半，输电线上的电能损失减为四分之一。

如何提高输电电压

其实你可能每天都和改变电压的装置打交道，那就是变压器。变压器利用电磁感应规律，可以对交变电流起到升压或降压的作用，但对恒定电流不起作用。那就先来了解下交流电吧。

线圈在匀强磁场中绕垂直于磁感线的轴匀速转动，线圈中会产生周期性变化的正弦式电流。生产和生活中所用的交变电流也是正弦式交流电。

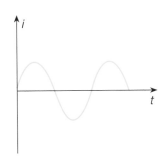

为了提高发电效率，发电厂采用三个线圈绕在一起在磁场中转动发电，称为三相制。三个线圈的频率相同（50 赫兹）、电势振幅相等、相位差互差 120°，共同组成一个系统。三相制是发电、输电、供电的基本方式。

如前所述，交流电最大的优点，是可以利用变压器改变其电压数值，来减小远距离传输导致的电能损耗。直流电不能通过变压器来变压是因为直流电的电流大小是恒定不变的，产生的磁通量也是不变的，也就不会产生电磁感应现象，因此不能改变电压。这是变压器的原理中一个简单的结论。

变压器是利用电磁感应的原理来改变交流电压的装置，主要构件是原线圈（初级线圈）、副线圈（次级线圈）和铁芯（磁芯）。在原、副线圈上由于有交变电流而发生的互相感应现象叫作互感。互感现象是变压器工作的基础，因此变压器对恒定电流不起作用。理想变压器，指的是磁通量全部集中在铁芯内，没有能量损失，不计原副线圈电阻，输入功率等于输出功率的变压器。理想变压器的两个线圈的电压比等于匝数（n）比。

对于远距离输电电能损耗的大幅降低，变压器可谓功不可没。发电厂的电流要先通过变压器升压，到用户端再通过变压器降压，在实际输电线路中还有多次升压和降压过程。我们身边的各种充电器其实就是变压器，不过还要额外包含一些滤波整流电路以实现其功能。

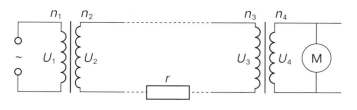

升压与降压

多种多样的通信
——无线电波家族

物理学史上，牛顿将天地间力与运动的规律统一，实现了物理学第一次大综合。麦克斯韦将电与磁的世界统一，实现了物理学的又一次大综合。麦克斯韦建立的电磁场理论是 19 世纪物理学发展中最光辉的成果之一，这个理论表明：变化的电场会产生磁场，变化的磁场也会产生电场，电场与磁场互相激发产生电磁场，电磁场从场源向远处传播形成电磁波。电磁波是个大家族，根据电磁理论，人们最先寻求这个家族中的一员——无线电波的帮助，对世界进行更为深入的探索。

电磁波包含电场和磁场，其中电场强度 E 和磁感应强度 B 都按正弦规律变化，二者相互垂直，并且都与波的传播方向垂直，电磁波以光速向前传播。电磁波的特征用频率、波长来表述。频率指的是电磁波在一秒钟内波动的次数，单位是赫兹，简称赫，符号 Hz。电磁波的波长是指电磁波传播空间中电场强度完全相同的相邻两点间的距离。电磁波传播速度 v 与波长 λ、频率 f 的关系为 $v = \lambda f$。

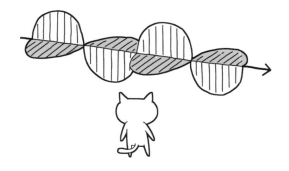

　　无线电波是电磁波的一种，工程技术上定义为波长大于 1mm（频率低于 300GHz）的电磁波。无线电波主要用作通信领域的信息载体。技术人员根据波长和频率将无线电波分成了不同的波段，不同波段的无线电波特性不同，用途上也有差异。

波段（频段）	符号	波长范围	频率范围	应用范围
超长波（超低频）	VLF	10000~100000m	3~30kHz	潜艇海底通信，海上导航

波段 （频段）	符号	波长范围	频率范围	应用范围
长波 （低频）	LF	1000~10000m	30~300kHz	大气层内中等距离通信，地下岩层通信，海上导航
中波 （中频）	MF	100~1000m	300kHz~3MHz	广播，导航
短波 （高频）	HF	10~100m	3~30MHz	远距离短波通信，广播
超短波 （甚高频）	VHF	1~10m	30~300MHz	电视，导航，移动通信，广播（调频FM），流星余迹通信，人造电离层通信，大气层内外空间飞行体（飞机、导弹、卫星）通信，电离层散射通信
分米波 （特高频）	UHF	0.1~1m	300~3000MHz	对流层散射通信，小容量（8~12路）微波接力通信，中容量（120路）微波接力通信
厘米波 （超高频）	SHF	1~10cm	3~30GHz	大容量（2500、6000路）微波接力通信，数字通信，导航，卫星通信，雷达，波导通信
毫米波 （极高频）	EHF	1~10mm	30~300GHz	穿入大气层时的通信

超长波通信

超长波通信在水下通信领域大显神通。实验表明，无线电波在水中有很大的衰减，而且频率越高衰减就越大，因此地面上使用的无线电波在水中传播距离极其有限，而超长波是无线电波中频率最小的，于是就成为水下通信的最优选择。当潜水艇浮在水面时，可以利用各种无线电通信方式，但是一旦潜到海面下，潜水艇与岸台通信时就只能选用超长波段了，通信频率在 76 赫兹左右。

长波通信

长波通信是人们最早使用的通信波段。长波又称地波，主要沿地球表面进行传播，传播距离可达数千甚至上万千米，20 世纪初人们已开始使用长波进行越洋商业通信。后来，由于其他波段的通信方法日益成熟，长波通信逐渐被替代。但在某些领域长波通信仍旧发挥着作用，比如导航、地下通信等。现在许多国家还设有长波导航台，可用于引导舰船和飞机按预定线路航行。建于 1940 年的著名的罗兰导航系统，工作频率为 90~110 千赫，现在仍在广泛地使用。长波通信的另一个重要应用是报时，中国也设有长波报时台（长波授时系统）。长波授时系统是中国目前唯一达到微秒量级的高精度授时系统，信号覆盖国内所有陆地和近海海域。

中波通信

中波通信是广播和导航中的主力军。在电视与网络出现之前，广播是大众媒介主要的信息渠道。在中波波段中，国际电信联盟规定 526.5~1605.2 千赫专供无线电广播使用，我们平时收听到的中央人民广播电台和本地广播电台的节目大多在这个波段。中国的大、中城市都有多个中波广播电台，中波在白天主要依靠地面传播，其传波距离有限，即便出现不同城市的中波广播电台频率重复也不会互相干扰。然而在夜间中波可由电离层反射传播，这样可以传得较远，所以在夜间收听中波广播，有时会出现串台现象。

短波通信

短波通信是活跃在地面和电离层之间的"舞者"。电离层是指从离地面约 50 千米开始，一直伸展到约 1000 千米高度的地球大气层高层区域，由于受太阳辐射的作用，这部分区域存在大量的自由电子和离子。电离层对无线电波"好恶不一"：对中波或长波来者不拒，请它们统统留下；对短波却拒之门外，将它们反射回地面。被反射回地面的短波又会被地面反射回空中，这样不断被反射而"跳跃"的短波可以传播数千甚至上万千米的距离。短波是唯一一种不受网络枢纽和中继体制约的远程通信手段，在战争或灾害发生时也不会受到影响。现在短波通信主要用于应急、抗灾通信和远距离越洋通信。

超短波通信

超短波通信是调频广播和电视的信使。超短波也叫米波，主要依靠地波传播和空间波视距传播（直线传播）。超短波的频带宽度是 270 兆赫，是短波频带宽度的 10 倍。由于频带较宽，所以通信容量较大，被广泛应用于电视、调频广播、雷达探测、移动通信、军事通信等领域。采用超短波的调频广播比普通中波广播抗干扰能力强很多，昼夜和天气变化对调频广播基本没有影响，即使在雷电天气中调频广播也能保持很好的音质。

微波通信

微波通信是点对点式的无线电通信方式。工程技术上把波长小于1米的无线电波称为微波。微波的绕射能力很差，在地表传输时，衰减快，传输距离短，只能向空中点对点直线传播。如果要进行远距离传输，就必须进行"接力"，也就是说，需要设置微波中继转接站。微波中继转接站接收到前一站的微波信号，进行放大等处理，再转发到下一站，就像接力赛跑一样，直到抵达最终收信端，因此微波通信也称为微波中继通信或微波接力通信。现在人们借助地球同步卫星，将"微波中继站"挂在太空中，最大化地扩大了微波通信的距离，可以把信息传遍全世界。

脑洞物理学

1 在没有电的时代，人类过着平淡稳定的农耕生活。而在现代社会，虽说你也许能接受一个星期甚至一个月没有电的生活，但那是因为，只有你离开了"电"，电力还在支撑整个社会正常运转，你的感受仅限于无法直接享受电力带来的便捷。现在让我们假设，如果全世界所有的电力都消失一个月，人类社会将面临怎样的情况？发挥想象力思考一下，也可以跟家长或同学展开讨论。

2 **查阅关于验电器的资料，试着自己动手制作一个**

（提示：验电器是一种检测物体是否带电及粗略估计带电量大小的仪器。当被验物体接触验电器顶端导体时，自身所带电荷会传到玻璃罩内的箔片或指针上。同种电荷相互排斥，箔片或指针将自动分开，张成一定角度，根据角度大小可估计物体带电量大小。）

读完本章内容，同学们可以尝试探索以下课题，展开自主研究，体验物理学魅力。

3　电能 ＝ 功率 × 时间。请你以"千瓦"为单位记录家中每件用电器的功率，观察记录或者估计每个用电器每周用电的平均时间，由此估算每周家庭用电量，并与实际电能表的测量值做对比，尝试分析差异产生的原因。

如果你能坚持做这个课题一年时间，试试撰写一份《家庭全年用电报告》，也许会有意想不到的收获。

4　制作简易指南针。用强磁体的一个磁极沿同一方向摩擦缝衣针，能使缝衣针磁化成小磁针。让小磁针穿过塑料瓶盖或插进塑料泡沫里，轻放在盆中的水面上，指南针就做成了！（找不到缝衣针，可以用回形针代替，只需用钳子把回形针拉直即可。）

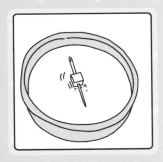

脑洞物理学

5 　在构造上，直流与交流发电机大部分是相同的，但有一处主要的差别。查阅资料，找出这个差别，并体会其中的设计原理。

（提示：换向器——哪个有，哪个没有？）

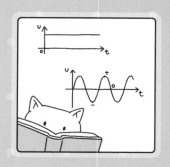

6 　找一个用坏了的充电器（输出电压不超过 12V 的），尝试用工具把它拆开，看看你能否找到封装在里面的"变压器"。

读完本章内容，同学们可以尝试探索以下课题，展开自主研究，体验物理学魅力。

7 参考本章内容，发挥你的聪明才智，动手制作一个简易电动机。

（提示：图中展示了一种可能的形式，可以参考这幅图片，也可以尝试其他的器材！电源使用电池即可，注意安全。）

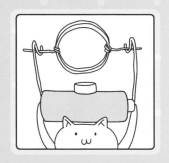

8 在临床医学中，磁共振功能成像技术应用广泛，用于检查人体内部器官。但是，患者体内有金属物（如心脏起搏器、金属假肢等）时禁止使用。这是为什么呢？查阅资料，验证你的猜想。

学霸笔记

1. 电荷守恒定律、库仑定律

电荷守恒定律：电荷既不能创生，也不能消失，只能从物体的一部分转移到另一部分，或者从一个物体转移到另一个物体，在转移的过程中电荷的总量保持不变。

元电荷 $e = 1.6 \times 10^{-19}$C。所有带电体的电荷量都是元电荷的整数倍，其中质子、正电子的电荷量与元电荷相同。电子的电荷量 $q = -1.6 \times 10^{-19}$C。

使不带电的物体带电的过程称为起电过程。起电方法有三种：摩擦起电、感应起电、接触起电。

库仑定律：真空中两个静止点电荷之间的相互作用力与它们电荷量的乘积成正比，与它们距离的平方成反比，作用力的方向在它们的连线上。表达式为 $F = k \dfrac{q_1 q_2}{r^2}$，式中 $k = 9.0 \times 10^9$N·m²/C²，叫静电力常量。

2. 电场与静电现象

　　静电场是存在于电荷周围，能传递电荷间相互作用的一种特殊物质，其基本性质是对放入其中的电荷有力的作用。物理学中把放入电场中某点的电荷受到的电场力 F 与它的电荷量 q 的比值定义为电场强度，表达式为 $E = \dfrac{F}{q}$，单位 N/C 或 V/m。E 是矢量，正电荷在电场中某点所受电场力的方向即该点的电场强度方向。

　　把金属导体放在外电场中，导体内的自由电子受电场力作用而发生迁移，使导体的两面出现等量的异种电荷，这种现象叫静电感应。当导体内自由电子的定向移动停止时，导体处于静电平衡状态，处于静电平衡的导体内部的合电场为零，且导体上任意两点之间没有电势差（电压），导体所带电荷只分布在外表面，与表面曲率有关。金属壳或金属网罩所包围的区域，不受外部电场的影响，这种现象叫作静电屏蔽。

3. 电场力的功、电势能、电势与电势差

电场力做功与路径无关，只与初末位置有关。在匀强电场中 $W = Fd = qEd$，其中 d 为沿电场方向的距离。

如同物体在地球场中具有重力势能一样，电荷在电场中具有电势能，数值上等于将电荷从该点移到零势能位置时电场力所做的功。

电荷在电场中某一点的电势能与它的电荷量的比值，叫作这一点的电势，用 ϕ 表示，即 $\phi = \dfrac{E_p}{q}$。电势是表述电场能量属性的量，由电场本身决定，但其数值与零电势点的选择有关，为了解释问题的方便，我们默认大地或无穷远处的电势为零。

电场中任意两点间电势的差值叫作电势差，这一概念在电路中常称为电压。电势差的数值与零电势点的选择无关。在任何电场中的 A、B 两点间移动电荷，电场力的功都为 $W_{AB} = qU_{AB}$。

4. 直流电路的概念与规律

　　电阻定律与电阻率：导体的电阻跟它的长度成正比，跟它的横截面积成反比，导体的电阻还与构成它的材料有关，即 $R = \rho l / S$，ρ 为电阻率，反映导体的导电性能，是导体材料本身的属性之一。电阻率与温度有关，当温度降低到绝对零度附近时，某些材料的电阻率会突然减小至零，成为超导体。

　　欧姆定律：给出了电路中电流的定量关系，分为部分电路欧姆定律和闭合电路欧姆定律，即 $I = \dfrac{U}{R}$ 和 $I = \dfrac{E}{R+r}$（E 为电动势）。适用于金属和电解液导电，适用于纯电阻电路，不适用于非纯电阻电路。

　　焦耳定律与电功：电路中的电流流过一段导体时产生的热量满足焦耳定律，即 $Q = I^2 Rt$，式中 Q 简称电热。电热等于或小于电流做的功（电功）$W = qU = UIt$，纯电阻电路中 $Q = W$。

串联电路、并联电路的规律

	串联电路	并联电路
总电阻	$R_{总} = R_1 + R_2 + \cdots\cdots + R_n$	$\dfrac{1}{R_{总}} = \dfrac{1}{R_1} + \dfrac{1}{R_2} + \cdots\cdots + \dfrac{1}{R_n}$
各电路相等的物理量	$I_1 = I_2 = \cdots\cdots = I_n$	$U_1 = U_2 = \cdots\cdots = U_n$
电流或电压分配关系	$\dfrac{U_1}{R_1} = \dfrac{U_2}{R_2} = \cdots\cdots = \dfrac{U_n}{R_n}$	$I_1 R_1 = I_2 R_2 = \cdots\cdots = I_n R_n$
总电流	$I_{总} = I_1 = I_2 = \cdots\cdots = I_n$	$I_{总} = I_1 + I_2 + \cdots\cdots + I_n$
总电压	$U_{总} = U_1 + U_2 + \cdots\cdots + U_n$	$U_{总} = U_1 = U_2 = \cdots\cdots = U_n$
电功率分配关系	$\dfrac{P_1}{R_1} = \dfrac{P_2}{R_2} = \cdots\cdots = \dfrac{P_n}{R_n}$	$P_1 R_1 = P_2 R_2 = \cdots\cdots = P_n R_n$

5. 磁场与电磁感应

　　磁体周围存在磁场，奥斯特实验表明电流周围也存在磁场，电流周围的磁场遵循安培定则。磁场的基本性质是对处于其中的磁体、电流和运动电荷有磁场力的作用。磁场对电流的作用力叫安培力，对运动电荷的作用力叫洛伦兹力。在电流方向或电荷运动方向与磁场垂直的情况下，安培力 $F = BIL$，洛伦兹力

$F = Bqv$。式中 B 为磁感应强度，描述磁场的强弱和方向，由磁场本身决定。安培力和洛伦兹力的方向都可以用左手定则判定。磁场对电流的安培力是电动机的理论基础。

与磁场有关的应用很多，如电磁炮、电流天平、质谱仪、回旋加速器、速度选择器、磁流体发电机、电磁流量计、霍尔元件等。

利用磁场来产生电流的过程是电磁感应。如果把穿过某一面积的磁感线的条数理解为磁通量，则当一闭合回路的磁通量发生变化时，必有感应电流产生。感应电流的方向遵循楞次定律，简单情形如导体切割磁感线，感应电流的方向可用右手定则得出。

法拉第电磁感应定律：感应电动势的大小跟穿过这一电路的磁通量的变化率成正比，公式表述为 $E = N\dfrac{\Delta\Phi}{\Delta t}$，其中 N 为线圈匝数。导体垂直切割磁感线时，感应电动势可用 $E = BLv$ 求出，式中 L 为导体切割磁感线的有效长度。法拉第电磁感应定律是发电机的理论基础。

涡流效应、电磁阻尼和电磁驱动都是电磁感应的典型应用。

6. 交流电与变压器

交变电流是指大小和方向都随时间做周期性变化的电流。家庭电路和工厂动力电路都使用正弦式交流电。交变电流的电流或电压所能达到的最大值叫峰值，与交变电流热效应等效的恒定电流的值叫作交变电流的有效值。对正弦交流电，其有效值和峰值的关系为：$U = \dfrac{U_m}{\sqrt{2}}$，$I = \dfrac{I_m}{\sqrt{2}}$。通常所说的交流 220V 电压指的是有效值，其最大值（峰值）约为 311V。

利用变压器可以减少远距离输电时的电能损耗。变压器是由闭合铁芯和绕在铁芯上的两个线圈组成的，与交流电源连接的线圈为原线圈，也叫初级线圈；与负载连接的线圈为副线圈，也叫次级线圈。变压器工作时利用了电流磁效应、电磁感应互感原理。理想的变压器（不考虑其上的电能损耗）规律如下。

电压关系：只有一个副线圈时，$\dfrac{U_1}{n_1} = \dfrac{U_2}{n_2}$；有多个副线圈时，$\dfrac{U_1}{n_1} = \dfrac{U_2}{n_2} = \dfrac{U_3}{n_3} = \cdots\cdots$

电流关系：只有一个副线圈时，$\dfrac{I_1}{I_2} = \dfrac{n_2}{n_1}$；由 $P_入 = P_出$ 及 $P = UI$ 推出，有多个副线圈时，$U_1 I_1 = U_2 I_2 + U_3 I_3 + \cdots\cdots + U_n I_n$。